女孩的压力世代

[美] 丽莎·达穆尔 著
王劭枫 陈舒 译

Under Pressure

Confronting the Epidemic of Stress and Anxiety in Girls

机械工业出版社
CHINA MACHINE PRESS

Lisa Damour. Under Pressure: Confronting the Epidemic of Stress and Anxiety in Girls.

Copyright © 2019 by Lisa Damour.

Simplified Chinese Translation Copyright © 2023 by China Machine Press. Published by agreement with The Ross Yoon Agency through The Grayhawk Agency Ltd. This edition is authorized for sale in the Chinese mainland (excluding Hong Kong SAR, Macao SAR and Taiwan).

No part of this book may be reproduced or transmitted in any form or by any means, electronic or mechanical, including photocopying, recording or any information storage and retrieval system, without permission, in writing, from the publisher.

All rights reserved.

本书中文简体字版由The Ross Yoon Agency通过光磊国际版权经纪有限公司授权机械工业出版社在中国大陆地区（不包括香港、澳门特别行政区及台湾地区）独家出版发行。未经出版者书面许可，不得以任何方式抄袭、复制或节录本书中的任何部分。

北京市版权局著作权合同登记　图字：01-2022-1450号。

图书在版编目（CIP）数据

女孩的压力世代 /（美）丽莎·达穆尔（Lisa Damour）著；汪幼枫，陈舒译. —北京：机械工业出版社，2023.4

书名原文：Under Pressure: Confronting the Epidemic of Stress and Anxiety in Girls

ISBN 978-7-111-73123-8

Ⅰ. ①女… Ⅱ. ①丽… ②汪… ③陈… Ⅲ. ①女性心理学-青少年心理学 Ⅳ. ①B844

中国国家版本馆CIP数据核字（2023）第187203号

机械工业出版社（北京市百万庄大街22号　邮政编码100037）
策划编辑：欧阳智　　　　　　责任编辑：欧阳智
责任校对：张亚楠　彭　箫　　责任印制：刘　媛
涿州市京南印刷厂印刷
2023年11月第1版第1次印刷
147mm×210mm · 8.5印张 · 174千字
标准书号：ISBN 978-7-111-73123-8
定价：65.00元

电话服务	网络服务
客服电话：010-88361066	机 工 官 网：www.cmpbook.com
010-88379833	机 工 官 博：weibo.com/cmp1952
010-68326294	金 书 网：www.golden-book.com
封底无防伪标均为盗版	机工教育服务网：www.cmpedu.com

献给所有的女儿

预测未来心理健康或疾病的依据并不是焦虑存在与否,也不是焦虑的性质,甚至不是焦虑的程度。在这里,最重要的依据只有一个,即应对焦虑的能力。此处,个体之间的差异极大,而保持心理平衡的概率也相应有所不同。[1]

心理健康前景较好的儿童是那些在同样危险的处境中,能够熟练利用智力理解、逻辑推理能力和外部环境变化等资源来积极应对,而不是退缩的儿童。

——安娜·弗洛伊德(Anna Freud,1965)

PREFACE 前言

在11月的一个寒冷的星期一下午,我正在向埃丽卡和珍妮特提供紧急心理咨询。埃丽卡是一名初一学生,几年来我一直在断断续续地为她做咨询,珍妮特则是她心急如焚的母亲。那天早上,珍妮特打电话到我的诊所说,埃丽卡焦虑万分,拒绝上学。

"这个周末埃丽卡过得很不愉快,"珍妮特在电话中解释道,"因为一个即将举行的大型团队项目在一出社交小闹剧的干扰下出岔子了。"

她补充说,埃丽卡最近两个星期都没有吃早餐,因为她每天早上醒来都会胃痛,直到中午才会停止。然后(我可以听到她在电话另一头哭泣)珍妮特又说:"我简直不敢相信她今天会旷课,但我想不出怎样才能让她去上学。当我告诉她,我甚至愿意开车送她去上学,而不是让她搭乘公交车时,她看着我,就好像我要开车送她去刑场执行枪决似的。"

我很担心,问:"那你们今天能过来吗?"

"是的,我们必须去你那儿。"珍妮特说,"她必须能够去上学才行。今天下午早些时候我有个会,必须参加。等我开完会过去可以吗?"

"当然可以,别担心。"我诚恳地说,"这个问题一定可以解决的。我们会把情况弄清楚的。"

有些东西已经改变了。焦虑一直是生活的一部分，也是个体成长的一部分，但是近年来，对于众多像埃丽卡这样的年轻女性来说，焦虑似乎已经失控了。我已经当了二十多年的心理医生，在此期间，在我的私人诊所和研究工作中，我看到女孩们的紧张情绪一直在上升。此外，我每周会花一部分时间去我所在社区的一所女子学校提供心理辅导，并且前往美国甚至世界各地与学生们交流，我听说，女孩们所感受到的压力越来越大。

在工作中，我能够从很多方面观察和了解女孩们。当我在家里时，我又会以两个女儿的母亲的身份来看待她们。女孩们占据了我的世界，我不是和她们待在一起，就是经常和老师、儿科医生或其他心理学家谈论她们。在过去的几年里，我和我的同事们花了越来越多的时间去讨论我们所遇到的许多年轻女性，她们在压力之下感到喘不过气，或者是感到极其焦虑。我们讨论了这种变化（女孩们感受到的压力空前加剧）是如何产生的。

令人担忧的是，我们在日常生活中所观察到的个案情况已经被广泛的调查研究所证实。美国心理学会（American Psychological Association）最近的一份报告发现，青春期已经不再能够被描述成一段充满无忧无虑的人生尝试的旺盛生命期。如今，除了在夏季的几个月之外，有史以来第一次，青少年们所感受到的压力水平超过了他们的父母。此外，他们还有慢性压力所导致的情绪和身体症状，[1]如急躁和疲劳，这些症状达到了我们过去只在成年人身上才能看到的水平。研究还告诉我们，[2]报告称正在经历情绪问题和高度焦虑感的青少年人数正在上升[3]。

但这些趋势对男孩和女孩的影响并不是等同的。

更为痛苦的是女孩们。

一份又一份的报告证实，[4]女孩比男孩更容易在心理压力和紧张的情绪下苦苦挣扎。最近的一项研究发现，女孩和年轻女性中有焦虑症状的高达31%[5]，而男孩和年轻男性则只有13%。研究告诉我们，与男孩相比，女孩感受到的压力更大，她们会产生更多由心理压力导致的生理症状[6]，如疲劳和食欲的变化。年轻女性也更有可能体验到通常与焦虑有关的情绪。一项研究发现，从2009年到2014年，说自己经常感到紧张、担心或恐惧的青春期女孩人数增加了55%[7]，而同一时期的青春期男孩的人数在这方面则没有变化。另一项研究发现，焦虑情绪在所有年轻人中都变得越来越普遍，然而在女孩中却在以更快的速度增长[8]。

这些在焦虑方面体现出来的性别差异趋势也反映在抑郁症的上升率上，抑郁症可以作为衡量整体心理压力的一项替代指标。从2005年到2014年，女孩中患抑郁症的比例从13%上升到17%[9]。在男孩中，这一比例从5%上升到了6%。虽然我们不愿意看到自己的孩子，无论是女儿还是儿子，遭受越来越严重的情感上的痛苦，但我们或许应该关注这样一个事实，即现在年龄在12至17岁之间的女孩患抑郁症的概率几乎是同一年龄段男孩的3倍[10]。

压力症状的性别失衡情况自初中开始，但并没有在高中毕业后结束。美国大学卫生协会（American College Health Association）发现，在过去的一年内备受焦虑折磨的女大学生比男大学生多出43%[11]。与男大学生相比，女大学生也更容易感到疲惫和不知所措，她们感受到了更高水平的压力。

当我们这样的心理健康专业人士听到和读到此类统计数据时,就会立刻警觉起来。然后,我们通常会采取一种适当的怀疑态度,想知道那些自我感觉被逼到极限的女孩的数量是否真的发生了巨大变化,还是说这仅仅是因为我们越来越善于挖掘本就一直存在着的问题。在这些领域的研究人员告诉我们,数据变化并不是由于我们先前采取了鸵鸟政策,现在才探出头来正视这一被我们长期忽视的危机——现有的证据告诉我们,我们确实看到了一些新东西[12]。研究也没有表明造成数据变化仅仅是由于女孩们现在比过去更愿意向我们讲述她们的痛苦[13]。事实上,女孩们的境况似乎确实更糟了。

对于这种新出现的紧张女孩流行症,专家们提出了许多可能的解释。例如,研究表明,女孩比男孩更容易担心自己在学校的表现。[14]虽说女孩们拼命努力以不辜负大人们的期望并不是什么新鲜事,但我现在经常听说一些女孩太害怕让老师失望,以至于为了拿到本不需要拿的分数而废寝忘食地去做可以获得加分的功课。研究还告诉我们,女孩比男孩更在意自己的长相。[15]尽管青少年们总是会经历对自己的外表高度焦虑的时刻,但我们的孩子们是第一代,并且往往也确实是会一连花上数个小时烦躁地整理并发布自拍照的年轻人,以期待收获海量的点赞。研究还表明,女孩比男孩更容易遭受网络欺凌,[16]而且更容易陷入同龄人造成的情感伤害中不可自拔。[17]

还有一些性方面的因素是女孩独有的。女孩比男孩更早进入青春期,[18]而且女孩们进入青春期的年龄也在不断提前。如今,看到一个五年级女生炫耀自己拥有成年女性的身材已不再是什么稀奇事了。更糟糕的是,女孩们在身体发育的过程中会接触到大量图片,它们传递了强大而明确的信息:女性的价值主要取决于她们是否性感。更为雪上加霜的是，那些广为流传的营销内容往往会剥削利用年轻女孩——比如说，从"淘气女生"的角度来制作商业广告；或是将她们作为目标消费者，就像如今那些向7～10岁的女孩兜售丁字裤和拢胸比基尼上衣的广告[19]。在过去的很多年里，这些图片至少是仅限于通过传统媒体发布，可如今，女孩们很可能会在不经意间看到一位六年级同学在Instagram上发布的性感的自拍照。

对于为什么女孩感受到的压力比男孩大，这些广为流传的解释虽然并不十分让人意外，但也是有帮助的。然而，了解女孩们需要应对的一些特殊困难，并不等于知道我们能够做些什么来解决它们。

如果你正在读这本书，那么你很可能已经尝试过无数方法，来帮助你的女儿少一分焦虑、多几分快乐。你可能已经再三告诉她，没必要太担心自己在最近一次小测验中的分数，应该尽量无视网上那些伤人的闲言碎语。你可能已经告诉过她，她很漂亮，或者外表并不重要。（大多数慈爱的父母，包括我自己在内，这两种话都说过！）你可能已经教过她要质疑和批判那些认为女孩的价值取决于她的外表的文化信息，你可能还想办法限制过她发布或审视数字照片的时间。然而，尽管你已经尽了最大努力，你可能仍然会发现自己那个非常出色的女儿依然有太多时间是在紧张或不开心中度过的。

本书探讨了让女孩们感到焦虑的因素，并提出应该如何帮助我们的女儿们放松下来。我将阐述我们可以采取哪些措施来保护年轻女性免遭过度的压力和焦虑的折磨，这些都是我从不断取得进展的研究中，从我的心理治疗对象、我的同行、学校里的女孩以及我自己的女儿那里学到的。有时候，我会用我工作中遇到的例子来说明我的观点，但我会修改身份信息，在某些情况下则会对材料进行混合编辑处理，以便为那些与我分享过自己信息的人保密。

本书首先会帮助大家理解压力和焦虑，然后再去探讨压力是如何渗透到女孩们生活中的方方面面的，逐章审视女孩们在家庭生活中、在与其他女孩的交往中、在与男孩们的交往中、在扮演学生的角色时，以及在参与更宽泛的文化活动时无一例外要遇到的困难。作为父母，我们可能很希望能为孩子们铲除人生道路上的一切痛苦根源，但是，从婴儿期到成年期，其实并不存在毫无压力的人生道路；而且，即使我们眼下能做到这一点，但从长远来看，对我们的孩子也没有益处。话虽如此，可如果我们知道会发生什么事，那么对于我们的女儿们将要面临的压力，我们也就不会感到那么紧张了。

如果能预见到女孩们随着年龄的增长将遇到的困难，我们就能在她们感到不安时做出更有效的反应。我们以何种方式回应女孩们的忧虑和恐惧，这一点非常重要。当你的女儿在蹒跚学步的过程中擦伤膝盖时，她每次都会先看看膝盖，然后再看看你的表情。如果你保持镇静，她立刻就会感觉好些。可如果你一把将她抱起来，冲到急诊室去，那她就会产生不必要的恐惧。面对正常的困难做出大惊小怪的反应会使困难变得更难以应对，甚至会使女孩的压力和焦虑上升到不健康的水平。鉴于此，本书不仅会逐条列出女孩和年轻女性的担忧，还会提供策略，帮助父母们在女儿感到崩溃的日子里安抚她，并在她做好准备的时候帮助她进行自我管理。

许多伴随成长而来的压力源都属于老生常谈的东西了，但另一些则是新生事物，比如无处不在的数字技术和日趋紧张的大学录取过程。我们将探讨父母如何才能帮助女儿们有效地应对新旧挑战。本书可以帮助你们的女儿减轻焦虑，但它不能代替对能确诊的心理障碍的治疗。如果你的女儿已经患有严重危及健康的焦虑症，你就应该咨询她的医生或是有执照的心理健康临床医生，征询对她最有实际效果的治疗方案。

本书关注的是女孩们所承受的精神负担，但如果书中的一些指导建议有助于培养儿子，读者也不必感到惊讶。的确，从数据上看，女孩比男孩更容易感到焦虑，但是也有很多男孩因为紧张和压力而感到痛苦。此外，尽管本书是基于性别来探讨心理压力这一话题的，但它也将涉及经济上的不安全感以及少数族裔身份是如何进一步加剧所有女孩都会面临的挑战的。

对于我们的女儿们所感受到的精神和情感压力，世上没有简单的答案，也没有立竿见影的解药。但是，对这个问题进行详细、全面的剖析会为解决它开辟各种新途径。我们爱我们的女儿，不想看到她们痛苦万状，我们可以做很多事情让她变得更快乐、更健康，并且更从容地面对我们知道她们必将遭遇的挑战。

现在，就让我们上路吧！

目录 CONTENTS

前 言

第一章　顺应压力和焦虑　/1

健康的压力　/2

压力是如何变得不健康的　/4

三类压力　/5

从压力到焦虑　/10

健康的焦虑　/11

焦虑机制　/16

焦虑症及其治疗方法　/17

应对普通焦虑　/26

阻挡令人担忧的趋势　/30

第二章　女孩和父母在一起　/32

回避会助长焦虑　/33

如何应对崩溃　/37

　　　　　如何对过度反应做出回应　/43
　　　　　人是会生闷气的　/50
　　　　　当我们听到令人烦躁的消息时　/51
　　　　　收集情绪垃圾　/55
　　　　　父母有可能知道得太多　/57
　　　　　让系统更加游刃有余　/62
　　　　　金钱可以买到压力　/65

第三章　**女孩和女孩在一起**　/70
　　　　　腼腆的新生很焦虑　/71
　　　　　人多是非多　/77
　　　　　关于健康冲突的入门知识　/79
　　　　　挑选参加哪些战斗的自由　/85
　　　　　日夜不停的同龄人压力　/89
　　　　　睡眠与社交媒体　/93
　　　　　社会比较的高昂代价　/96
　　　　　习惯竞争　/100
　　　　　嫉妒是在所难免的　/104

第四章　**女孩和男孩在一起**　/107
　　　　　日常生活中的不尊重　/109
　　　　　帮助女孩们应对骚扰　/113
　　　　　有害的攻防范式　/118
　　　　　基于性别的性教育　/120

将平等带到性教育谈话中 /123

仅仅征得同意是不够的 /126

赋予性权力有助于保护性健康 /128

向性行为说"不"的诸多方式 /130

勾搭文化的真相 /136

借酒壮胆 /138

友谊和爱情应该让你感觉良好 /139

第五章　女孩在学校里 /146

学校本身就应该充满压力 /147

女孩尤其会因为学业而感到担忧 /151

从书呆子到战术大师 /157

在学业上节省精力 /160

帮助女孩们培养能力和信心 /164

与测验焦虑做斗争 /166

不是所有女孩都能按照学校教的方式学习 /171

应对每天34小时工作制 /172

改变我们对成功的定义 /179

用通向满足感的途径取代飞弹发射 /180

第六章　女孩在文化中 /184

被默认设置为顺从 /185

从小被教育要取悦他人 /190

不盲目效仿男性的说话方式 /192

挑战语言管制　/195

　　语言工具包　/198

　　透明的女孩　/202

　　没必要完全暴露自己的内心　/205

　　外表的重要性被过分夸大了　/208

　　说"人人都美丽"效果适得其反　/212

　　赞美身体机能，而非身体外形　/215

　　偏见的逆风　/217

结　　语　/222

致　　谢　/225

注　　释　/227

资源推荐　/252

Under Pressure

第 一 章

顺应压力和焦虑

我有个好消息,实际上,我有两个非常好的消息。首先,压力和焦虑并不完全是有害的。事实上,如果没有它们,一个人就无法茁壮成长。了解压力和焦虑的健康形式与不健康形式有何区别,可以让你更好地帮助女儿应对她的紧张感。其次,即使压力和焦虑达到了有害的程度,心理学领域也能提供很多办法去缓解它们。事实上,如果我对我的同事进行一次非正式调查,那么绝大多数人都会同意,我们对引发病理性压力和焦虑的根本原因和内在机制的了解程度,不亚于心理学领域中的任何其他事物。因此,当心理压力失控时,我们有很多方法来帮助人们对之加以控制。

将这两件令人高兴的事情放在一起看,就意味着从现在开始，你大可不必过于担心你女儿的压力感和焦虑感了，因为，在某种程度上，这些心理状态是人类成长和发展的重要催化剂。如果你怀疑你女儿的不安感远远超出了健康标准，那么我在这里向你保证，你和你的女儿不必为此感到惶然无助，因为排解不健康的压力和焦虑也是本书的目标之一。

健康的压力

压力一直受到了不公正的评价。尽管人们极少喜欢挑战新的极限，但是常识和科学研究都告诉我们，在我们的舒适区以外的领域行事所带来的压力能够帮助我们成长。当我们接受新的挑战时，例如面对一大群观众发表演讲，或者是做一些心理上觉得有威胁的事情时，如与一位充满敌意的同龄人进行对决，这时就会产生健康的压力。推动自己越过熟悉的边界能够逐步增强我们的能力，就像跑步者通过逐渐延长训练的距离来为马拉松比赛做准备一样。

勇敢面对压力也是一项通过实践培养起来的技能。事实上，研究人员们恰当地使用了"压力"这个术语来描述一个有据可查的发现，即那些能够度过生活中的艰难时刻的人，比如战胜过病魔的人，他们在面对新的困难时，往往能继续表现出高于平均水平的适应力[1]。我可以代表我自己说，人到中年似乎并没有带来很多好处，但确实也有一个特别的好处，即我不会再像从前那样被各种问题困扰了。就像我的大多数同龄人一样，我已经有了足够的人生阅历，所以现在可以淡然地面对一些事情，比如飞机航班被取消。而在我年轻的时候，这种事情能够让我精神崩溃。常言道："那些杀不死你的只会让你更强大。"这句话当然是有点儿夸张了，但也不能说完全是错的。

作为父母，我们对待压力的态度应该像金凤花姑娘㊀那样，想想看，她对于自己擅闯他人地盘，并让自己过得舒舒服服的行为是怎么看的。我们不希望女儿的压力水平一直太低或太高，但是我们可以让合理的压力水平成为我们女儿健康发展的营养素，帮助她成长为我们希望她成为的坚韧不拔的年轻女性。

女孩们所学到的关于如何管理压力的知识大部分来自于观察我们这些为人父母者是如何做的。女儿们对我们察言观色，以了解她们在面对生活中的困难时应该表现出多大程度的惊慌。如果我们在面对可应对的挑战时让自己内心的胆小鬼占了上风，表现得惊慌失措，那我们就树立了一个糟糕的榜样。如果我们认为压力往往能助力我们成长，并且助力女儿的成长，那我们就为自己和女儿创造了一个能够自我实现的预言。

然而，只有当我们能够克服障碍时，障碍才会使我们更加强大。因此，本书将在后续章节中探讨如何帮助你的女儿掌控她将面临的种种挑战——从童年期到成年期。在你的帮助下，随着时间的推移，你的女儿将逐渐意识到压力是生活中一个积极的、促进成长的因素。

但事情也并不总是这样。

㊀ 金凤花姑娘（Goldilocks），美国传统童话角色，她在森林中闯入三只熊的家，擅自吃喝行动，被发现后，通过道歉获得原谅。——译者注

压力是如何变得不健康的

当压力超过一个人所能承受或受益的范围时，它就会变得不健康。世界上并不存在一个用以衡量什么是不健康的压力的标准，因为不同个体可应对困难的程度各不相同，甚至对同一个人来说，也会因时而异。压力是否会变得不健康取决于两个变量：问题的性质和需要面对问题的那个人。

心理学家认为，当压力在短期或长期内干扰到身心健康时，它就是不健康的。令人惊讶的是，压力源是否会损害身心健康与压力的来源几乎没有什么关系，它更取决于是否有足够的资源（个人的、情感的、社会的或经济的）来解决该问题。例如，对于一个习惯用左手写字，有很多朋友帮她拿书的女孩来说，右手臂骨折所带来的麻烦可能有助于增强她的复原力。然而，对于一个迫切需要体育奖学金的女孩来说，由受伤导致错失奖学金评选可能引发全面危机。同样，如果负责养家糊口的那个人被解雇了，那么对于一个没有经济缓冲能力的家庭来说，他们的感受远比拥有殷实储蓄账户的家庭更糟糕。

只有当压力水平超出我们的资源范围时才会变得不健康，知道这一点能够帮助我们更好地支持我们的女儿。虽然我们无法一直阻止灾难发生，但我们往往可以动用我们的储备资源来帮助我们的女儿应对生活带给她的挑战。

我在劳蕾尔学校（Laurel School）担任心理咨询师期间遇到的一件事情便很好地证明了这一点。这是我们当地的一所女子学校，跨度从学前启蒙班一直到高三。在过去的 15 年里，我每星期都会在那里待一段时间。在此期间，我目睹了几名女高中生和她们的家人与单核细胞增多症（一种特别顽固的压力源）进行斗争的经过。每个女孩的发病周期并没有太大差别，因为患者通常都得缺课几周，还需要暂停课外活动。然而事实证明，这种疾病给一些学生带来的压力比其他学生大得多。

在理想的情况下，女孩的父母可以用浓浓的爱和支持来包围女儿，以便最大限度地克服这种不利局面。她的家人会确保她得到充分的休息，会有效地与劳蕾尔学校的教职员工协调，以便他们的女儿能合理地跟上作业进度，还会想方设法让她的朋友去看望她。一名富有敬业精神的女足队员罹患这种疾病后，她的父母会兴高采烈地开车送她去看比赛，这样她就可以坐在替补席上为亲爱的队友们加油了。我看到，当父母有足够的财力为他们的女儿筹集资源时，患上单核细胞增多症对一个女孩来说只不过是高中生涯中一个令人烦恼的小插曲罢了。

其他家庭，尤其是压力源已达到家庭能够应对的极限的那些家庭，则只能给女孩提供最低限度的支持。一个长时间独自待在家里的女孩可能倾向于选择使用社交媒体而不是好好休息，从而导致病毒徘徊不去，久久不能痊愈。她的功课可能会落下很多，可能会因为想念朋友或是有趣的学校生活而感到悲伤不已。在这种家庭中生活的学生即使最终痊愈了，我也曾听到她们伤感地说："单核细胞增多症害得我整整一个学期都过得一团糟。"

三类压力

当然，也有一些女孩和她们的家人在尽其所能解决单核细胞增多症对社交和学业造成的影响后，却仍然发现很难回归正轨。正如压力并非完全是有害的，一旦能够认识到压力也会因人而异，我们就能更好地理解她们面临的挑战。心理学家们在研究压力及其对健康的影响时，将其分为三个截然不同的方面[2]，即重大生活事件、日常小麻烦和慢性压力。

任何需要加以适应的重大生活事件[3]，如青少年染上单核细胞增多症，其本质上都是充满压力的。就连让人快乐的事件，比如成为父母或开始一份新工作，也会伴随着因必须适应突然变化而带来的压力。在心理学中并没有很多基本规律，但这里就有一条：改变等于压力。一个重大生活事件需要你做出的改变越大，它所造成的心理负担就越大。

此外，重大生活事件无论是好是坏，常常也会引发日常小麻烦。例如，那些为了照顾生病的孩子而重新安排日程的父母可能会在处理日常事务时遇到困难；或者，他们可能无法清理堆满餐盘的水槽，而这些餐盘平时都是由那个因单核细胞增多症而病倒的孩子放进洗碗机里的。虽然日常小麻烦看上去不应该是什么大问题，但它们会积少成多。非常值得注意的是，一项研究发现，实际上，由一个重大压力源（比如所爱之人去世）所引发的日常小麻烦的数量决定了人们在某一时刻要面对多大的情感痛苦[4]。简言之，丈夫失去妻子的痛苦会因为他试图弄明白妻子是如何支付家庭账单的而被放大。

我们对日常小麻烦所带来的负担具有本能的理解力，这解释了为什么我们会有想替刚生过孩子的朋友做饭的冲动。我们替那些面临重大生活事件的人把冰箱塞得满满的，这样他们就不必应对购物和做饭带来的额外麻烦了。我们自己的日常小麻烦的确会加重压力，意识到这一点会促使我们采取措施缓释压力。连续几个星期使用纸餐具并不能治愈青少年的单核细胞增多症，但有助于降低总体压力水平。

除了重大生活事件和日常小麻烦以外，还有慢性压力。当基本生活条件持续处于困难状态中时就会发生这种情况。人们发现，长期承受慢性压力[5]，比如住在危险的社区里或是照顾患有痴呆病症的亲属，会对身体和精神健康造成极大的损害。然而，即使是在最糟糕的情况下，有时也能找到解药。[6]多项针对年轻人如何应对两种严重而持久的压力来源——持续接受癌症治疗和由一位患有严重抑郁症的家长抚养长大——的研究，总结出了宝贵的经验，适用于广泛的慢性压力情况。

考特尼是一个很聪明的 17 岁女孩，她的父母正处在旷日持久且争吵不断的分居状态中。当我给考特尼做心理咨询时，我发现自己非常依赖一些已有的知识，即如何帮助儿童和青少年在哪怕是极其困难的境况中管理压力。在考特尼读高二的那年秋天，她向父母宣布她再也无法继续忍受他们吵架了，多一天都不行。此后，我就开始和她每周见面。考特尼的父母尽管在很多事情上意见不一致，但都想给女儿提供一些急需的支持。

当我和考特尼彼此熟悉之后，我们就下定决心，要想出办法来让她能应对家里的问题。我们的第一步是确定她能改变什么以及不能改变什么。

"说实话，"她说，"我认为他们永远也不可能和睦相处。"然后，她带着一丝恼怒的情绪补充道："他们说他们不会在我面前吵架,但他们似乎控制不住自己。"

"听你这么说我真的很难过。难以想象,听到他们互相攻击你会有多么痛苦。"

考特尼看看自己的手,再看看我,然后疲惫地回答道:"是的,感觉非常糟糕。"

我想了一会儿,说道:"关于吵架这件事,我想你无计可施。因为你父母是唯一能让它停止的人,但听起来他们还没有准备好这么做。"

考特尼悲伤地点头表示同意。

"所以,尽管我不想这么说,但我认为目前你必须想办法接受这个现实。"

研究表明,事实上,对于无法改变的困难局面,"养成接受的习惯"是关键性的第一步。如果"养成接受的习惯"这一建议所散发出来的新时代的气息会让你皱起眉头(我承认,这是我本人的第一反应),那就从务实的角度考虑一下。为什么要花费精力去对抗一种不可改变的现实呢?一旦我们找到办法去接受一个严酷的事实,接下来我们就可以努力适应它了。

然而,考特尼却完全听不进去。

她对此感到既难以置信又大为恼火,回答说:"我怎么可能接受他们吵架呢?这太可怕了!"

"我明白你的意思。"我尽可能用不带自我辩护意味的语气回答,"假如我真觉得你有能力帮助你父母休战,那我肯定会坚定地鼓励你,然而情况并非如此。不过,我确实认为有些事情是在你的控制中的,它们将有助于改善你的处境。你愿意听听我的想法吗？"

考特尼勉强表示愿意听我把话说完，于是我便告诉她更多关于慢性压力的研究发现。也就是说，年轻人可以通过寻找快乐的消遣和愉快的活动来躲避巨大的压力，哪怕只是暂时性的躲避，这对他们是有帮助的。

"有没有什么你喜欢做的事情是不受他们吵架干扰的？"

在思考这个问题时，考特尼的表情放松了。"你知道，"她小心地说，"的确有一件事情是我很喜欢做的……"

我扬起眉毛让她知道我渴望听她继续说。

"我有一辆车……我们说它是我奶奶的，但基本上是我在开……我很喜欢沿着查格林河路开车兜风。"那条路位于我在克利夫兰郊区的办公室以东，全长约20分钟车程，延绵穿越茂密的树林。我笑了笑，以示对它很熟悉。"即使外面很冷，我也会摇下窗户，把音乐开得很响。哪怕只是听上一首歌，我也会感觉好多了。"

"你任何时候想去那里开车兜风都没问题吗？"

"差不多吧。除非我有家庭作业之类的事情没完成，但从我家到那里并不用花很长时间。"

"那我想这应该成为我们计划的一部分。你无法阻止父母争吵，但我觉得你有一个很靠谱的办法来摆脱父母争吵带来的压力。"

考特尼咬着嘴唇，表示她仍然对此持怀疑态度。

"这当然不是一个完美的解决办法，"我温和地说，"但是你得这么想：他们吵架让你感觉糟糕，而开车兜风却让你感觉更好。

在你父母把问题解决之前，当你需要控制一下情绪时，就去开车兜风。"

"有道理。"她慢吞吞地说。停了一会儿，她接着又说："我会试试的，然后告诉你结果。"

我们可以把这些关于应对慢性压力的经验传授给我们自己的女儿，引导她们思考当她们陷入困境时，她们能改变什么、不能改变什么。如果你女儿发现自己所在的班级里充满了持续不断的人际冲突（你好呀，初一），你可以帮助她专注于思考她能做些什么来应对这种情况，比如和那些比较沉稳的邻里朋友保持联系。除此之外，你还可以支持她想方设法分散自己的注意力，以便远离社交风暴，直到一切风平浪静（祈祷吧，初二）。鉴于不健康的压力无法避免，我们应该从研究所提供的减轻心理压力的办法中寻求安慰。采取一种富有策略性的方法，即解决我们能解决的问题并想办法与剩下的问题和平共处，这么做能减轻我们的无助感，让我们活得更轻松，哪怕我们正处在重大逆境中。

从压力到焦虑

压力和焦虑就像孪生兄弟。它们有很多共同点，但又并不是一回事。压力和焦虑的相似之处在于，它们都会引起心理上的不适。但压力通常指的是由情绪或精神重负或者紧张带来的感觉，而焦虑通常指的是害怕、畏惧或恐慌的感觉。

虽然我们可以在定义上区分压力和焦虑，但是在现实生活中它们却往往纠缠不清、难分彼此。例如，一个因学业负担过重而备感压力的女孩可能会因为担心完不成作业感到焦虑。如果一个女孩因所居住的社区不时的零星枪声陷入焦虑恐慌之中,那她几乎肯定会承受慢性压力。我们并不总能将压力和焦虑区分开,而且大多数时候也没必要这么做。出于实际考虑,我们可以认为这两个概念几乎可以互换(本书中就经常这样做),我们的工作重点是帮助我们的女儿们控制她们的紧张和担忧。

压力和焦虑的另一相似之处在于,它们都既可以是好事也可以是坏事。我们已经探讨了健康的压力和不健康的压力的区别。接下来我们要对焦虑进行同样的探讨。

健康的焦虑

焦虑是一种天赋,通过进化代代相传,以保护人类的安全。我们每个人的大脑深处都安插了一套精密的报警系统。当我们感觉到威胁时,该警报系统就会引发焦虑。焦虑带来的不适感会迫使我们采取措施降低或避免这种威胁。换言之,那些一看到剑齿虎便立刻冲进洞穴躲避的人类史前祖先,最终幸存下来并把焦虑警报基因遗传给了我们。而那些漫不经心地说"嗨,快瞧,那只老虎好威风"的穴居人则没有。

如今,我们的焦虑警报会针对各种各样的现代威胁响起。当我们开车差点出事故时,当我们一个人在家中听到奇怪的声音时,或者当我们的老板在裁员期间突然召开工作会议时,这种声音就会响起。除了警告我们周围存在的威胁,焦虑还提醒我们来自内心的危险。你体会过那种在说出日后会让你后悔的话的前一刻冒出来的不适感吗？这就是焦虑在警告我们闭嘴。你有过那种在 Netflix 上毫无节制地观看视频，而不去处理纳税事务时产生的不安感吗？这就是焦虑在试图让我们避免因为延误提交文件而被罚款。

简言之，焦虑保护我们不受来自外界和我们自己的伤害。

不幸的是，焦虑和压力一样深受诟病。我们在不知不觉中形成一种观念，即情感不适必定是有害的。这种想法对我们毫无帮助。心理痛苦和生理痛苦一样，是一种经过精心调试的反馈系统，可以帮助我们纠正错误。正如生理疼痛能促使我们停止触摸滚烫的火炉，情感痛苦也会提醒我们注意自己的选择。例如，如果你和某位朋友共进午餐前总是感到紧张，因为你永远不知道她会对你做出什么事情来，那么也许是时候重新考虑这段友谊了。

因此，在帮助我们的女儿控制焦虑时，我们可以做的第一件事就是：教会她们，焦虑往往是她们的朋友。

几年前，我开始向一位叫达娜的 16 岁少女提供咨询。她的父母打电话给我，因为她在一次聚会上喝得太多，最后被送进了急诊室。从业多年的我知道，不能基于达娜开始接受咨询前的单一事件对她预先下任何结论。事实上，当我们见面时，我的审慎态度得到了回报。在候诊室里，我看到一名穿着牛仔裤和法兰绒格子衬衫的友善的少女。她飞快地站起来，向我伸出手来做自我介绍。

我一边和她握手一边说："你好，我是达穆尔医生。"她诚恳地回应道："谢谢你抽空和我见面。"我指了指我的办公室，然后跟在她后面走了进去。事实上，她在我前面走得蹦蹦跳跳的。

待坐定之后，我便开始了。"听着，你不了解我，我也不了解你。"我用亲切的口吻说，"但我知道发生了一件非常可怕的事情。"

在我刚当上心理医生时，我经常犯一个菜鸟级错误，即刚跟青少年见面就让他们下不了台。作为回应，他们通常会缄口不语。经验告诉我，当人们（当然喽，青少年首先是"人"）没有被逼着去谈论敏感话题时，他们会感到自在得多。

"你是想先谈谈发生的事情呢？"我接着说，"还是希望我们先花点时间了解对方？怎样做你会觉得舒服些？"

"谢谢你的提议。"达娜说，"但我并不介意谈论发生的事情，这件事情真的让我感到很心烦。"于是，她一边扯着一绺齐肩的卷发一边开始讲述。"几周前的周末，我和朋友们去了一个我已经认识很久的年轻人家里开派对，玩得很开心。后来我的一个朋友听说在另一个宅子里也有个派对，所以，出于某种原因，我们决定过去玩玩。我不认识举办第二个派对的年轻人，但我认识他的一些朋友。可那边还有很多我以前从没见过的年轻人，这种感觉有点奇怪。"

她说话时我频频点头，但没有打断她。达娜似乎很想尽快卸下自己的心理包袱。"当时我真的很不舒服，非常紧张。我在第一个派对上喝了一杯啤酒，没有感到任何不适，所以我想，如果我在第二个派对上再喝一杯啤酒也不会有问题的。"她继续说，"我只是想让自己稍稍镇定一些，因为我的朋友们玩得很开心，所以我想我们会在那里待上一段时间。在我喝那杯啤酒的时候，有人给我杯里掺了少量的烈酒。我平时是不喝的，但我想它能帮助我尽快放松，于是我就把它喝了下去。"

在她说话时，我发现自己对于两个事实感到不安：一是泛滥成灾的酒精——关于这个我听得太多了，二是达娜非常确信她需要找到一种方法来安抚自己的神经。"在那之后，"她说，"我就不记得什么了。我的朋友说我一直在喝酒。当我昏过去时，我的一个朋友非常害怕，打电话给她妈妈，然后她妈妈又给我妈妈打了电话。"

"她是个很棒的朋友。"我说。对此达娜郑重地点头表示同意。然后我问："你能再跟我说说你到达第二个派对时的情况吗？"她再次点了点头，于是我继续问："你知道是什么让你觉得那么不舒服吗？"

"是的，我知道。"她飞快地说，"那个场面真是太疯狂了。我简直不敢相信那里竟然有那么多年轻人，其中有一些人绝对很出格。我这么说或许不太公平，"她用的是青少年在坦率表达意见前说"无意冒犯"时所用的那种不拘小节的语气，"但是他们未免太老了，不该参加高中生派对。"

"我懂了。"我说道，"那么你来听听我的一个猜想。我在想，你之所以会出问题，部分原因可能在于你把焦虑感当成了敌人，而我却认为它是你的盟友。"达娜用疑问的目光看着我。我继续说："我的直觉是，你之所以感到很不舒服，是因为你足够聪明，知道这可能是一个危险的派对，所以你想离开。"

"那是当然。"她斩钉截铁地回答道，"那种场面很糟糕。但我知道我的朋友们想留下来，所以我不知道该怎么办。"她停顿了一下，然后难为情地补充道："很显然，我不该做那些事。"

"是的。"我说，"如果我说我认为你应该戒酒，我相信你是不会感到惊讶的。"她歪了一下脑袋对我表示赞同。"我还认为，如果你能了解自己的焦虑感，你会感觉好很多，同时也不会担心类似的事情再次发生。"再一次，达娜用困惑的目光看着我。"成年人经常把焦虑感描述得很糟糕，但事实并非如此。"我说，"焦虑感的确可能失控，而我们也的确不希望如此，但在大多数时候，它是一种非常有用的情绪。"我从达娜的表情中可以看出，她现在已经完全明白了。

"与其用那杯烈酒安抚自己，"她大声说出自己的反思，"我或许更应该注意到自己的紧张情绪，然后找个借口回家。"

"对。"我表示同意，"每个人都有一个精密的预警系统，非常有效。让我们好好利用它吧。"

你可以在家里试着这样做。下一次，当你的女儿告诉你，她对一场还没有进行复习的考试感到非常紧张时，你不妨愉快地回答她："很好！我很高兴你感到担心。这是理想的反应，因为此刻你知道自己还没准备好。而一旦你开始复习，你的神经就会平静下来。"当你的女儿周五晚上和朋友外出时，你可以说："祝你玩得开心。照顾好自己，如果你发现自己正待在一个让你感到不舒服的地方，你就要多加注意了！如果事情不妙，我们很乐意去搭救你。"

总之，当一个女孩感到焦虑时，我们希望她能认真对待这种情绪，并且问自己："为什么我的警报响了？最好用什么办法让它安静下来？"鉴于美国的文化给焦虑及所有其他令人感到不适的感觉贴上了负面标签，我们需要格外努力地为焦虑正名，帮助女孩们关注焦虑，并将它视为一种值得感激的保护机制。

焦虑机制

恐惧是一种强烈的情感体验，会让人感到极度失控。然而心理学家们已经认识到，焦虑实际上是一种高度可预测的系统性反应，能激活四大系统进行连锁参与。首先，应激激素会引发一种被称为或战或逃的生理反应。肾上腺素及其化学副作用会加快心率，减缓消化系统的运作，并舒张通向肺部的气道，以便将更多氧气输送到我们用于击打和奔跑的肌肉中。作为对中枢神经系统发送到肺部的信息的反应，我们的呼吸会变得急促而浅短。我们的瞳孔会放大以便我们能看得更远。一旦我们所感知到的危险过去了，一个同样错综复杂的系统会将身体重置为焦虑前的状态。这就是为什么当恐慌过去，消化系统恢复正常运作后，我们往往会急着去洗手间。不管我们对焦虑有什么其他看法，总之我们很难否认它能进行一场颇为壮观的生物学表演。

几乎与此同时[7]，我们的情感也参与了行动。我们往往会体验到紧张、害怕或恐惧，不过有些人在焦虑时也会感到急躁或易怒。当我们的情感受到影响时，我们的认知或思维系统就会立刻加入进来。当我们在警惕地扫视周围环境，搜寻我们所感知到的威胁的蛛丝马迹时，所有的深层次思考都会烟消云散。当我们独自一人在家时，听到意外的响声，我们会立刻竖起耳朵，心烦意乱地问自己："我有没有把门锁上？会不会有人想闯进来？"在其他时候，焦虑只会让大脑变得一片空白，或者是产生夸张的、不理性的想法，比如："门口有一名斧头杀手！"

最后，我们的行动系统开始运作。如果有人在夜里真的被某种奇怪的声音吓坏了，他可能会全身僵硬，以免发出任何声音，然后伸手去拿电话拨打911，或者是挥舞着棒球棒搜遍家里的每一个角落。

即使当焦虑感发挥了有益的作用——例如让我们发现外面的大门被风吹开了——它也算得上是一种生理、情感、心理和身体上的锻炼。如果这一精密打造的警报系统出现故障并失去控制，我们就会变得筋疲力尽。在这种时候，临床医生很可能会诊断出焦虑症。

焦虑症及其治疗方法

临床医生诊断出来的各种焦虑症说明我们的警报系统可能出现许多不同的故障。当警报不断地响起时——有时比较安静，有时则十分响亮——但总的来说太过频繁了，我们会将之诊断为广泛性焦虑症（generalized anxiety disorder，GAD）。患有GAD的儿童（以及成人）深受自身所无法控制的担忧困扰，他们的思绪会飞快地从一个担忧转移到另一个担忧：当在体育馆挑选运动队员时，我会是最后一个被选上的吗？老师会不会突然点到我的名字？一同拼车的人会扔下我自行离开吗？诸如此类不断响起的焦虑警报会破坏睡眠和注意力，当然了，还会让人失去平静或快乐。

在其他类型的疾病中，警报的响起不会那么不分青红皂白，而是会以匪夷所思的高"分贝"来回应特定的威胁。例如，分离焦虑障碍、社交恐惧症以及特定恐惧症会在患者分别与照料者分离、可能遭到社交审视，或是面对他们极度害怕的对象或情境时，产生令患者变得不堪一击的痛苦。鉴于年幼的孩子在与父母分离时经常会想念父母，大多数青少年都有过在"众目睽睽之下"感到不适的经历，以及所有人类都有自己的恐惧，所以我们只有在一个人的担忧程度与感知到的威胁完全不成比例，或者是影响到他的正常生活时，才会做出焦虑症的诊断。例如，不喜欢蜘蛛是一回事，但因为害怕遇到蜘蛛而缺席在一栋有霉味的老房子里举行的重要会议就是另一回事了。

当焦虑像可怕的汽笛一样鸣响警报，却找不到任何明确的理由时，我们会称之为惊恐发作（panic attack）○。对于这种发作我们决不能等闲视之，因为它们是恐惧的激烈爆发，这时，由焦虑引发的生理症状非常强烈，以至于患者常常认为自己可能会失去理智或即将死去。事实上，研究发现，有大约四分之一因胸痛前往急诊室就诊的人都是因为惊恐发作，而非心脏病发作[8]。惊恐发作来得快去得也快，通常在20分钟内达到高峰并开始消退。它既可能由显而易见的紧张情境诱发，如利益攸关的工作面试，也可能来得毫无征兆。

有趣的是，惊恐发作很常见。[9] 有近30%的人在人生中的某个时刻会受到一波强烈焦虑的冲击，出现各种症状，包括恶心、头晕、麻木、刺痛、脱离现实感、发冷、出汗，以及前面所说的感到自己正在失控或濒临死亡的恐惧。虽然惊恐发作是很痛苦的，但是只有当反复来袭、意料之外的发作引发人们对再次发作

○ 又称急性焦虑症、恐慌症。——译者注

的恐惧或导致人们不得不重新安排自己的生活时,[10]我们才会将之诊断为惊恐障碍（panic disorder）。有时候,患者会开始逃避曾经让他们惊恐发作的情境或场所——比如远离健身房或派对——以期能防止再一次发作。

几年前的一个夏天,我自孩提时代就认识的一个朋友从科罗拉多州南部的某条高速公路旁给我打电话。她和她17岁的女儿正从我们的家乡丹佛市前往新墨西哥州圣菲市,6个小时的公路旅行已经走了一半。她的女儿在圣菲市室内乐音乐节找到了一份梦寐以求的工作,将在那里度过夏天。

在向我介绍完背景信息后,我的朋友接着说:"我们正行驶在这条风景美丽的路上,突然间,我女儿就发作了。她开始发抖,说她感到无法呼吸,并说她这辈子从来没有像现在这样害怕过,但她也不知道这是为什么。一分钟前她还好好的,一分钟后她就说她觉得自己快要疯了。现在她又没事了,但她真的很害怕。"

我又问了这位朋友几个问题,然后开始发表见解。"你所描述的情况听起来像是典型的惊恐发作。这种感觉非常糟糕,"我用同情的口吻说,"但总的来说不会造成伤害。"

我的朋友听到这些后松了一口气,但她想知道接下来该怎么做:"我在想是不是应该告诉她的老板,她因故得晚点出发。然后带她回丹佛去检查一下。"

"不,"我说,"我想你们最好还是继续往圣菲市开。惊恐发作的确时有发生,但我们不应该高估单独一次发作的威力。"接着,我告诉这位朋友我以前经历过的一次惊恐发作。它发生在我读研究生时,当时我在向一位家长通报智力测试成绩,而这位家长却是那种会因收到坏消息而迁怒于报信者的人。他听说自己那位极具魅力的儿子分数不是很高,所以非常不高兴。我让我的朋友告诉她的女儿,我一直清楚地记得那次惊恐发作。当时我感到很害怕,所以未能尽快结束会谈就离开诊室。但幸运的是,这种情况尚未再次发生过。

"好吧。"我的朋友说,然后又试探性地补充道,"你知道,我阿姨以前有很严重的焦虑。你确定我们不需要去检查一下吗?"

"惊恐发作是可能有家族遗传性[11],"我说,"然而我还是认为你们应该继续前往圣菲市。如果再发生那种情况的话,给我打电话,我会安排她和新墨西哥州的临床医生联系的。"

那年夏天,她们没再和我联系过。当我最近回到丹佛探望亲友时,我找到这位朋友聊天,问后来情况怎么样。她说她女儿在那个夏天一切开始得很顺利,但是就在八月底回家前不久,她在外面慢跑时又发作了。"她很好地应付过去了,"我的朋友解释说,"因为她已经知道这是怎么回事了。在那之后,她查阅了一些关于放松技巧的资料,但谢天谢地,从那以后她再也没有发作过。"

当一个女孩神经紧张到确实妨碍日常生活的地步时,就应该向专门治疗焦虑的临床医生寻求帮助了。在治疗我们已探讨过的焦虑四大组成部分,[12] 认知行为疗法(cognitive-behavioral therapy,CBT)是一种针对性很强的系统性疗法。CBT 从业者使用先进的技术来帮助病人管理他们的生理反应,应对痛苦情绪,挑战诱发焦虑的想法,并逐步直面他们的恐惧。

心理动力性心理治疗关注的是可能超出我们意识范围的想法和感受[13],当我们需要找到拉响焦虑警报的不明原因时,它会特别有用。西蒙娜就属于这种情况,她是一名高二学生,她的母亲通过女儿学校的辅导员找到了我。在电话里,西蒙娜的母亲解释说,自己的女儿总是感到坐立不安,但没人知道原因何在。家里一切都很好,西蒙娜的学习成绩很好,日程安排也张弛合度,而且她还有几个很要好的朋友。当我问西蒙娜是否愿意和我见面时,她的母亲回答说她"对此感到十分紧张,希望我和她一起去"。我说只要能让西蒙娜更放松地接受治疗,我悉听尊便。于是我们约了一个母女俩都有空过来的时间。

在我们第一次见面时,西蒙娜和她母亲并排坐在我的沙发上,彼此挨得很近,以至于她们的腿从臀部到膝盖都挨在一起。一个15岁的孩子竟然让妈妈坐得这么近,这让我多少有些吃惊,但西蒙娜有一种不同寻常的特质。她似乎既需要与母亲身体接触带来的舒适感,同时又完全是一个独立的人。我们的初次会面非常平淡。我了解到西蒙娜是他们家3个孩子中的老大,她妈妈是一位成功的企业家,每隔几周要出一次差,他们在比奇伍德的同一座宅子里住了近二十年,比奇伍德是位于我诊所附近的郊区。

在我们进行第二次心理咨询时,西蒙娜觉得自己可以独自来我的办公室了。她坐在沙发的另一端,伸手去拿我放在一张小桌子上的一碗五颜六色的磁化玩具棒和银色滚珠轴承,然后把碗放在膝盖上,建造了一座金字塔。随着玩具棒和滚珠连接起来,金字塔渐渐升起,并发出一串令人感到满足的咔嗒声。西蒙娜一边这么做,一边很轻松地回答了我的问题,例如她每天是怎么过的(她在家里有很多家庭作业要做)、她和朋友们的关系(她的朋友们是快乐而可靠的)以及她目前的焦虑水平(由于期中考试即将到来，她的焦虑加剧了）。她谈到自己和妈妈的亲密关系，说："我们处得很好……不是所有时间都很好，但大部分时间是这样。我真的很崇拜她，尽管我没这么跟她说。"还有她的父亲，西蒙娜形容他"有点儿难懂——感觉有点儿疏远——但依然是一个很好的爸爸，一个很好的人"。

第二次心理咨询结束之后，我发现自己对于西蒙娜究竟为什么要找我做咨询感到困惑。到目前为止，我所了解到的一切似乎都无法解释她为何总是那么心神不宁，而且，西蒙娜似乎也并不急于追根究底。然而在第三次心理咨询中，这个问题很快成为焦点。西蒙娜静悄悄地走进我的办公室，继续建造她的金字塔，就这么默默地摆弄了好几分钟，然后问道："关于我们之间的谈话，你会告诉我妈妈多少？"我向她保证，就像我们第一次见面时那样，我们的谈话纯属隐私，除非她让我有理由认为，她或者其他某个人可能会受到伤害。

"我妈妈有过一次外遇，"西蒙娜直言道，"她以为我不知道。"接下来，她继续解释说，几个月前，她无意中听到父母在谈论她母亲利用一些出差的机会与大学时代的一个男友幽会的事。她补充说："根据我所听到的，我猜我妈妈结束了这段婚外情，并把这事告诉了我爸爸。我相信这对我爸爸来说很难接受，但我认为他们正在一起接受心理治疗，家里的情况似乎很好。所以我不知道该怎么做。""心里揣着这个秘密的确会感到很沉重。"我说。西蒙娜闭上眼睛——也许是为了忍住眼泪，并低下头表示同意。我们都能理解，把母亲婚外情的秘密藏在心里这件事有助于解释西蒙娜为何心神不宁。我们在一起考虑了她可做的一些选择。她可以告诉父母她所知道的，也可以暂时什么都不说，以后再决定要怎么做。离开时，西蒙娜似乎松了一口气。事实上，在把她独自承受的重负说给我听之后，她看起来明显轻松多了。

"还有一件事。"接下来一次咨询刚开始西蒙娜就说，"我知道这件事其实并不牵扯到我，但我不知道该如何看待我妈妈。"她解释说，她非常喜欢和依赖她的妈妈，并且为有一位在家中充当主要经济支柱的母亲感到自豪。"我真的很敬重她，"西蒙娜小心翼翼地说，"所以，我不知道该怎么想。"

我试探性地问："是不是她让你感到有点儿沮丧？"事实上，我怀疑西蒙娜远不止是沮丧，但我深深知道，当某种感觉被竭力压制时，我只能蹑手蹑脚地靠近它。如果我问："你是不是很愤怒？"这只会让病人关闭心扉，尤其是当他们已经在自己的愤怒周围建立了一道壁垒时。

两行泪水突然从西蒙娜的双颊奔流而下。看来我们已经挖到了一个情感的宝藏，但这并不值得庆祝。"听着，"我用温暖的语气说，"对一个你深爱并且很需要的人生气的确是很痛苦的。"我们安静地在一起坐了很久，然后我再次开口。"你感到沮丧，这很正常。"我说，"我想这也在一定程度上解释了你的焦虑。"西蒙娜紧紧地注视着我。"或许，你的焦躁不安感实际上是一系列隐蔽情感的第三阶段。""第一阶段，"我解释说，"可能是你内心深处对你妈妈感到非常沮丧。第二阶段是你不想有那种感觉。而第三阶段则把你带到我这里来，也就是你充满了忧虑。也许你担心你的愤怒感会损害你和你妈妈之间的良好关系。"

西蒙娜聚精会神地抿紧双唇。"也许吧……我不知道。"她说，

"可能就是这样。但我不太确定。"

在接下来的几次咨询中,我们认真考虑了她的焦虑是否有可能是由愤怒引发的,这时候西蒙娜的忧虑开始缓解。我们的工作进展缓慢,但至少我们是在正确的道路上前进。

并非所有焦虑都可以被归结到一个隐蔽的诱因上,但我们应该记住,焦虑的任务是提醒我们警惕来自外部以及内部的威胁。有时一个女孩感到紧张是因为她在面对一种外部威胁,比如和父母之间有了麻烦。有时候从外表看起来一切正常,但女孩正面临着强大的内在威胁,西蒙娜就是这样,她因为自己对妈妈的愤怒而感到害怕。

当心理治疗不能产生足够的缓解作用,或是见效不够快时,也可以借助医疗手段来帮助管理焦虑感。值得注意的是,女性可能在生理上更容易患上焦虑。从儿童期开始到整个成年期,女孩和成年女性被诊断患有焦虑的概率至少是男孩和成年男性的两倍[14]。在绝大多数情况下,我们将这种巨大的性别差异归因于非生理因素,本书接下来就将讨论这些因素。尽管如此,仍然有一些生理因素在起作用,使得女孩比男孩更容易紧张。

经期前荷尔蒙的变化通常会让许多女孩和成年女性比平时更紧张、易怒或不安[15],对此你可能不会感到惊讶。此外,对于那些患有惊恐发作的人而言,一些研究表明,经前雌激素和孕激素水平的下降可能在短时间内增加患有惊恐发作的女孩和成年女性的发作频率和强度[16]。不少专家提出,月经周期的情绪起伏可能导致焦虑症进一步发展,[17]甚至巩固或加剧已经存在的焦虑症。研究表明,焦虑也可能通过基因遗传,[18]但对于它是否更容易被遗传给女儿而不是儿子，目前学界仍在进行讨论。

无论焦虑是不是由遗传倾向引起的，[19]处方药都有助于抑制焦虑。尽管我很少建议将药物作为首选手段，但是当心理治疗未能减轻持续的焦虑时，或是当病人因持续的惊恐发作而陷入瘫痪时，我会毫不犹豫地建议病人去看精神科医生。事实上，抗抑郁药通常能快速缓解惊恐障碍患者的症状——当病人对恐慌症的极度恐惧已经妨害到正常生活时，我们会做出惊恐障碍的诊断。焦虑的症状通常会在服用药物期间被消除[20]，这样病人就可以利用焦虑"停火期"来接受心理治疗，寻找隐蔽的痛苦感觉，或是学习放松技巧、思考策略和常规练习方法，以便最终可以选择在不服药的情况下应对自己的病症。

近年来，[21]正念练习悄然出现，已成为一种对抗焦虑情绪和想法的极有效的方法。正念是一种根植于古老的佛教冥想技巧的方法，要求人们学会观察自己的感觉和思想，但不加以评判。当焦虑让我们的女儿们确信她们正面临着无法战胜的威胁，并促使她们想象可怕的结果时，就会引起麻烦。正念则教导练习者仔细观察自己的情绪、想法和感觉，而不要被它们带着走，从而解决焦虑问题。

正念练习不一定能代替心理治疗，但它与西方应对痛苦情绪的既有方法有着相同的关键性原则。事实上，在我职业生涯的早期，我最喜欢的一位同事向我指出，心理学家的工作非常古怪。一方面，我们的目标是帮助人们准确地了解他们的感觉和想法。我们希望我们的病人能够非常了解自己内心生活的风貌。可是，一旦我们所关心的人开始密切接触他们自己那痛苦、不安或可怕的内心世界，我们又会退却，安慰地向他们指出，他们所发现的仅仅是一个想法或者一种感觉而已，而他们可以选择用各种不同的方式回应自己的想法和情感。

如果你怀疑你的女儿正处于很高的焦虑水平，但却始终不能确定是否应该带她去找专家看看，那么你可以考虑先迈出半步。除了本书中提供的指导之外，你和你的女儿还可以参阅眼下众多优秀的练习指南，看看应该如何调节焦虑反应系统或是如何练习正念。你们可以在本书后面的推荐资源列表中找到一些建议。

应对普通焦虑

虽然在"正常"的焦虑和不健康的极端焦虑之间并没有明确的界线，但是临床医生通常认为，只有当一个人的焦虑变得极度频繁或强烈，以至于破坏了正常生活时，才有必要进行诊断。不幸的是，如今许多年轻人（有时也包括他们的父母）在面对哪怕是最轻微的焦虑时都忧心忡忡。事实上，经常会有女孩对我说"我有焦虑症"，就像在描述一种严重的、永久性的先天性缺陷一样。

鉴于焦虑是所有人类都具有的一种适应性出厂设置，所以你可以理解，有时我真恨不得直接而热情地回应对方："哦，那是当然！正因为有焦虑感，你才能安全地过马路而不被车撞到！"相反，我通常会就引发她焦虑的情境提出很多问题。大多数时候，我会强调焦虑通常是一件好事情，例如在前文中，达娜在参加一次陌生派对时感到担忧，我就认为这是好事情。

换言之，具备相关知识的成年人可以帮助女孩和年轻女性大幅降低对自身焦虑的担忧。在这种时候，我们可以告诉女孩们，她们的紧张感可能处在一个连续的区间内，该区间的一端是有益的保护，另一端是令人烦恼的破坏。就算一个女孩发现自己正处于该区间不幸的那一端，我们也有很多方法让她的担忧和恐惧恢复到健康水平。

为了帮助女孩们控制她们的紧张情绪，我们研究了同样的四种反应系统，当焦虑处于健康状态时它们会提供保障，而在焦虑失控时它们则会失效，它们分别是：生理反应、情感反应、思维模式和行为冲动。几年前，我曾在劳蕾尔学校的午餐时间指导我最喜欢的一位同事完成这些步骤[22]。当我们在餐厅排队聊天时，她问："你能为我在家里遇到的一个问题出出主意吗？"

"当然可以。"我说，"怎么了？"

"我11岁的女儿对即将去表姐家过夜一事感到一筹莫展。她很想去，因为她很喜欢她的表姐，以及另外两个也要去过夜的女孩子，但她害怕她会失眠。当她想到要去别人家过夜时，她就几乎喘不过气来。"

"我很高兴你来问我。"我回答道，"因为你可以找到很多办法来帮助她解决睡眠问题。"我们拿上餐具，把餐盘端到餐厅中一个相对安静的角落。

"首先，"我说，"你应该帮助她理解，当她紧张时，她的身体就会进入过度兴奋状态，这就是为什么她会喘不过气来。"

我朋友歪着头看着我。

"告诉她，她的大脑在指挥她的心跳和呼吸速度加快，以便她能做好应对危险的准备。而她的任务，也是她能做到的，就是让大脑知道并没有出什么事。"

"那要怎么做？"

"呃……你知道所有人都说深呼吸可以帮助人平静吗？"

"是的。"我的朋友愉快地说。

"它的确很管用，但我发现，如果让女孩们知道为什么它会管用，那效果是最好的。"

我告诉这位同事，[23]就像神经会从大脑直达肺部，告诉身体加快呼吸一样，神经也会从肺部返回中枢神经系统，让大脑平静下来。大脑对从呼吸系统发出的信号特别感兴趣，因为，如果一个人喘不过气来，大脑就需要告诉身体开始抓狂。当我们故意加深并放缓呼吸时，肺部的牵张感受器就会接收到一切平安的信息，并将这种高速、高优先级和高度令人安心的信号发送回大脑。

"告诉你女儿，当她因为要去别人家过夜而开始紧张时，她可以利用自己的呼吸来向自己的神经系统反馈，让它平静下来。你们可以到网上查询不同的呼吸技巧，看看有什么合适的选择。我个人最喜欢的是方形呼吸法（square breathing）。"

"请解释一下。"她边吃边说。

我告诉我的朋友，她可以训练女儿一边慢慢吸气一边默数三下，接着屏住呼吸默数三下，然后一边慢慢呼气一边默数三下，最后停下来再默数三下，如此循环几次。

"这听起来很简单。"我的朋友说。这时，一大群三年级学生走进了餐厅。

"确实很简单。"我同意道,"如果女孩们能事先练习它,效果是最好的。每次我教劳蕾尔学校的某个女生使用这种呼吸法时,我都会打一个比喻,这就好像网球运动员在练习时去出几十个球,为的是找到一种他们在比赛中可靠的节奏。利用呼吸技巧进行放松也是这个道理。方形呼吸做起来很简单,但如果能够形成一种让女孩在感到恐惧时轻松进入的模式,那么它的效果就是最明显的。"

"所以,"我的朋友说,"我可以帮助她让身体平静下来,这很好,但我还是觉得她会感到不安。"

"然后你要找出她恐惧的原因。一般来说,当我们高估了事情的糟糕程度并低估了我们处理它的能力时,我们就会感到焦虑。"

"哦,她非常害怕自己会整晚睡不着觉。"

我停下来思考应该给出什么建议。"你可以对她说,'对你来说,在叔叔阿姨家入睡可能的确比在自己家里要困难些,但我猜到时候你会很累,很快就会睡得死死的了'。或者是类似的话。你既要肯定她的担忧不无道理,同时又要帮助她看到这些担忧可能被夸大了。"

"是的,"她说,"但我知道她接下来会说,她担心如果睡眠不足,第二天整个人就会一团糟。"

"我们把这叫作'灾难化',也就是想象可能的最坏结果。"

"哦,是的。"我的朋友笑着回答,"她在这方面十分在行。"

"告诉她,即使她整晚都没睡着,那也最多是第二天会觉得很累,届时不妨早点上床睡觉。用实事求是的口吻去说,这样她就能看出你并不觉得这是什么大事。"

"说实话，我并不确定她是否吃这一套，但我会试一试。"

"很好。"我说。

"我还有一个问题……我知道当她到达那里以后，会不断给我打电话，以便能听到我说她不会有事的。这样做好吗？"

"不。"我立刻回答，"这样做不好。"

我解释道，焦虑会驱使我们去做一些能立即缓解压力的事情，比如寻求安慰或是强迫性地查看我们所担心的事情，但这些由精神紧张引起的习惯从长远看没有好处，因为它们只会强化某件事情确实不对劲的念头。

"告诉她，如果她想向你道晚安的话，可以在睡觉前给你打电话，但除此之外，[24]如果她感到不安的话，你希望她用方形呼吸法帮助自己放松。"

我同事的脸色变得阴郁起来："她可能还没准备好这么做，但我知道她非常想去。"

"别担心。"我说，"如果她这次没能赶上在别人家过夜，以后还会有机会的。与此同时，如果你教会她如何让自己冷静下来，并质疑自己的担忧和焦虑想法，她就不会再受焦虑的摆布了。"

阻挡令人担忧的趋势

当我们听任女孩们将所有压力和焦虑都视为洪水猛兽时，她们就会因为感受到压力而神经紧张，因为感受到焦虑而忧心忡忡。相反，我们应该教导我们的女儿，压力和焦虑是生活中正常而健康的组成部分,以此来帮助她们控制压力和焦虑。如果压力和焦虑真的失控了,我们还可以利用现有的大量知识来控制它们。

我们必须记住,压力和焦虑是会累积的,它们在我们生活中的总量会像水位一样时升时降。即使是在最好的情况下,我们所有人也都至少是在压力和焦虑的浅水塘里跋涉。我们每天都要蹚过麻烦之河,有时压力和焦虑的水位涨得很快,比如说,当我们意外接到女儿校医的电话时;然后这水位又会迅速降下去,比如说,当我们得知校医打电话只是为了告诉我们,我们的女儿在体育课上和一位同学撞了头,但没有脑震荡的迹象,只是肿了一个大包,仅此而已。

对太多的女孩而言,焦虑的洪水已经从脚踝涨到了脖子。本书要追溯这洪水的源头,探讨如何拯救我们的女儿于困顿之中,或是从一开始就防止她们被淹没。接下来的章节考察了五种不同的女孩压力来源:她们和父母的互动、与其他女孩的互动、与男孩的互动、在学校的互动以及与更广泛的文化的互动。我们将分门别类地细细讨论作为关爱她们的成年人,我们能做些什么来缓解那种有时可能会吞噬我们女儿的压力感和焦虑感。

Under Pressure

第 二 章

女孩和父母在一起

在出现问题时,我们的女儿们在学校里或者是与朋友们在一起时通常能够勉强支撑,但是等回到家中,当外人看不到她们时,她们就会崩溃了。父母如何对女儿的痛苦做出回应,在很大程度上能够决定事态的发展方向。

本章将剖析在满怀善意的成年人和他们过于烦忧的女儿们之间进行的最常见的日常交流,讨论哪些交流不起作用,以及为什么,并细述那些久经考验的有效策略,以帮助女孩们在短期和长期内管理她们的紧张和担忧情绪。

回避会助长焦虑

不久前的一个星期二，在劳蕾尔学校，我参与一名学生的互动，这名学生突出展示了一种经常在父母和焦虑的女儿之间展开的相互作用方式。当时我正从餐厅端着一大盘食物回办公室，这时我听到一名学生飞跑到我的身后。我转过身去，发现那是杰米，一名平日很活泼的高二学生，此刻她显得惊慌失措。

"达穆尔医生！能耽搁你一分钟吗？"

"当然，没问题。"我非常高兴地放弃了边吃午饭边回复电子邮件的计划。杰米跟着我拐了个弯，然后下了几级台阶，走进我的办公室里。劳蕾尔学校的女孩们把它叫作哈利·波特办公室，因为它很像哈利在德思礼家的卧室，被嵌在学校的中央楼梯下面，原先是一间大型公用设施壁橱。尽管听上去很古怪，但这个空间非常完美。它坐落在建筑物中央，就在学校的大门厅里，但却隐藏在视线之外，这样女孩们或她们的父母就可以神不知鬼不觉地与我见面了。

当我放下餐盘，问："发生什么事了？"杰米一下子就哭了起来。她一只手放在肚子上，另一只手抓住椅子扶手，开始剧烈地喘气。尽管我已经习惯于和非常焦虑不安的女孩谈话，但杰米如此迅速而彻底地崩溃还是让我感到惊讶不已。很显然，她一直在勉强保持镇定，直到我们脱离外界的视线，进入我的办公室里。就在那一刻，她的情绪终于崩溃了，苦苦抑制的情感喷涌而出。

"我不能参加今天的化学测验。"她急切地说，"我还没准备好，我会不及格的，这会毁了我的总成绩，这绝对不行。"接着，她停下来喘了口气，然后乞求道："你能想办法让我不参加测验吗？你能帮我写张纸条什么的吗？"

我被难住了。我并没有权力取消劳蕾尔学校的测验；我在那里的工作是向女孩们提供支持，而不是改变学业计划。与此同时，我也完全同意，杰米在那一刻的状态完全不适合参加测验。

"化学测验是什么时候进行？"我问道，一边在考虑如何才能让自己介入杰米和她的老师之间。

"要到最后一节课了。"杰米停顿了一下，她的呼吸开始放慢到正常节奏。接着我看到她的紧张情绪似乎在逐渐消退，她满怀希望地补充道："也许我爸爸可以在那之前来接我，这样我就可以回家了。"

当杰米想象自己从学校逃走时，她的声音里流露出一种轻松，也就在那一刻，我重新回想起在作为一名心理医生接受培训时学到的核心原则。一旦我想起来帮助杰米逃避测验或许是我所能做的最无益的事情，我就把我的保护本能推到了一边。

原始的本能告诉人类要逃离威胁。逃之夭夭可能是个好办法，尤其当威胁是来自一座熊熊燃烧的大楼、一个显然很不安全的滥饮派对，或者是一名挥舞着装满液体的雾化器的富有攻击性的售货员时。然而，在很多情况下，逃跑其实是一种很糟糕的做法，因为我们在心理学中所了解到的一切知识都告诉我们，回避只会让焦虑变得更为严重。

回避不仅仅会助长焦虑，事实上，它会产生两种效果。首先，躲开一个被感知到的威胁会让人感觉很好。事实上，回避就像是一种威力惊人、立竿见影的药物。杰米仅仅是想到让爸爸将她从化学测验中解救出来，她就立刻感觉好多了。通过回避化学测验获得的短期解脱感很快就会让位于她对日程表上下一次测验本身的担忧，以及对下一次测验成绩会有多糟糕的恐惧。其次，绕开恐惧会有效地阻止我们发现恐惧其实是被夸大了。如果杰米想办法逃过测验的话，她就不会有机会知道测验其实没那么糟了。

事实上，当人们习惯性地逃避他们所害怕的事物时，就会逐渐患上全面的恐惧症（full-blown phobias）。想象有一个女人，我们姑且叫她琼，她很怕狗。当琼走在街上时，每当她看到一条狗朝她走来，她就会感到一阵恐惧。很自然地，琼走到了街道的另一边，以便避开狗的路线。当她走到对面的人行道上时，她总是会感觉好很多，这就使得她下一次看到狗的时候更有可能穿过马路。这样一来，琼就再也没有机会去认识一条友善的狗了。她将一直坚信自己应该避开所有的狗，并且知道远离它们必然能够带来一种即时的解脱感。

心理学家们十分了解该如何治疗恐惧症。关于如何帮助像琼这样的人克服不理智的恐惧，我们所掌握的知识可以很好地被用来帮助女孩们对抗过度的焦虑。要想消除恐惧，我们首先要停止心怀恐惧的回避做法。

治疗琼的恐狗症其实是一个相当简单的过程。我们会教琼一些基本的放松技巧，并评估她在保持平静的前提下最多能与狗多接近。利用一种被称为逐级暴露的方法，我们可以帮助琼不断提高与犬类接触的程度。我们一开始可以先让她看狗的照片，同时用控制呼吸的方法来保持放松。接着，我们会让琼站在距一条小狗一个街区远的地方,之后再让小狗走近些,然后再走近些,等等。琼迟早会发现自己与小狗待在一起很愉快,或者至少能够毫无不适地容忍狗接近她。

现在回到杰米这里来,当时,我让自己振作起来,温和地说:"等等。我们先别忙着联系你爸爸。我想我们俩可以一同解决这个问题。"对于我企图阻止她逃跑,杰米显然不太开心,但是能从学校抽身的想法已经让她足够放松了,从而使我们的谈话成为可能。

"化学课究竟怎么了?"我问道,"你是不是觉得这门课很难?"

"平时并不是这样,但我对这次测验所要涵盖的内容真的感到很困惑。"

"你有没有向老师求助?"

"有,老师解答得很棒。但我还是不能确定我弄懂了。"

"现在我明白你为什么会害怕了,"我说,"而且我也明白你为什么会来我的办公室了。可我担心,如果你不正视这个问题的话,你今后的感觉会更糟糕的。"杰米叹了口气,表示她愿意接受建议。我问:"从现在开始到测验前你有空吗?"

"是的,午饭后我就有空了。"

"不如这样。你去找化学老师,看看她能不能在测验前为你进行一些答疑。如果不行的话,我希望你到网上去找一部关于让你感到困惑的内容的视频教程。最重要的是,我希望你去参加测验,哪怕你觉得自己考不到理想的成绩。"

杰米勉强接受了我的建议。几天后,我在走廊里碰到她,便问她情况怎么样。

"我没能在测验前找到老师提问,而且我觉得我考得也不太好。然而就在测验前,很多同学都在向老师询问我没弄懂的东西,所以老师说日后我们可以把这些内容再讲解一遍,有必要的话,订正之后再拿回一点分数。"

"听上去还行嘛!"我说,但我的语气听起来有点像在询问。

"是的。"杰米表示同意,"没想象中那么糟糕。我想最终一切都会好的。"

当你的女儿想让你替她抵挡她所害怕的东西时,千万不要凭直觉行动——那是一种去拯救她的保护性冲动,你得专注于帮助她接近焦虑的源头。例如,如果你女儿告诉你她绝对不能去参加她的钢琴独奏会,那你就得找出她认为她能做到什么。她是否能在想着独奏会的同时为你演奏曲子?她是否能邀请几位邻居过来并尝试为他们演奏?如果她参加了独奏会,但接着却改变主意,不想演奏了,她是否能联系她的钢琴老师,讨论一下这究竟是怎么回事?她是否能走上舞台试试看自己能演奏到哪里?如果这些选项都不成功,那就去找你女儿的老师了解一下她在哪里遇到了困难。简而言之,你的基本原则就是帮助她走向威胁——哪怕只是走婴儿般的小碎步,而不是逃离威胁。你女儿可能并不喜欢这种策略,然而,回避威胁固然能立刻获得轻松感,但从长远来看,焦虑感必然会加剧,所以,回避是一种得不偿失的做法。

如何应对崩溃

或许你别无他求,只希望能鼓励女儿勇敢面对她的恐惧。关于如何应对让人绞尽脑汁的局面，你或许已经试着向她提出了非常棒的建议。如果你这么做了，那么你很可能像大多数试图在女儿最痛苦的时候提供帮助的父母那样，发现她认为你的所有好主意都一无是处并且统统拒绝采纳。为人父母自有诸多乐趣，但这事却一点儿都不可乐。事实上，如果一个年轻人向我们展示她的极大苦恼，而当我们试图帮助她时，她却变得更为心烦意乱，那么，支持她会令我们尤为痛苦。

这到底是怎么回事？

其实，她就是要让你变得跟她一样无助，这样你就能体会到她是多么无助了。我们有很多分享情绪的方法。在我们状态最好的时候，我们可以把我们的情绪用语言表达出来，向生活中关爱和支持我们的人倾诉，因为我们知道他们会做出温暖和同情的回应。在我们状态不太好的时候，我们会被自己的情绪压垮，并通过在别人身上诱发这些情绪来传达自己的情绪。当我们感到愤怒并决定跟人掐架时，就是这种情况。当一个女孩感到走投无路，并且飞快地将关爱她的成年人也弄得走投无路时，其实也是这种情况。

试图去帮助、哄骗或劝告任何陷入极大烦恼中的人，往往会以失败告终（正如当我们劝某人要冷静时效果几乎总是适得其反）。如果我们希望能真正帮到女儿，那么当她们面对失控的情绪感到无能为力时，我们就必须想个办法来忍受她们。

应对心烦意乱的女孩有一个巧妙的策略，那是我去得克萨斯州出差时学到的，尽管它与我向来的风格几乎背道而驰。当时我正和达拉斯一所优秀女校的同事们在一起[1]，我们谈到女孩们的情绪是那么强烈，简直可以压倒一切。"这种时候，"一位咨询顾问说，"我们就得拿出闪光罐。"

在继续讲这个故事之前，我需要申明一下，我并不总是一个大好人，对于任何被我视为通俗心理学的东西我都可能提出尖锐的批评。此外，我对于任何在我眼中过于女孩子气的东西都持同样强硬的态度。所以你可以想象，"闪光罐"一词在上述两个方面都引起了我的高度警惕。那位咨询顾问说着走开了，然后很快拿着她所说的闪光罐回来了——那是一个透明的罐子，大约四英寸[一]高，里面装满了水，还有一层亮闪闪的紫色闪光片沉积物。罐子的盖子用胶水封住了。当她把罐子放在我们之间的桌子上时，在移动的过程中被搅起来的闪光片很快就沉淀到了底部，这时候，我们可以透过罐子清楚地看到对面的情况。我充满怀疑地聆听这位咨询顾问接下来要分享的内容。

"当女孩们惊慌失措地来到我的办公室，"她拖着达拉斯人特有的长调继续说，"而我发现她们整个人正处于极度混乱的状态时，我就会拿出这个闪光罐，然后这样做。"她举起罐子，像摇雪花玻璃球那样猛力摇它，原本宁静的水立刻变成了一场闪闪发光的紫色风暴。"然后我会对那个女孩说：'眼下，你脑子里的情况就像这样。所以，先让闪光片平静下来吧。'"那位咨询顾问再次把罐子放在我们之间的桌子上。我盯着它，完全被迷住了。随着闪光片的旋转速度减慢，闪光片风暴逐渐消退，我意识到这位咨询顾问创造了一个极好的模型，能说明情绪是如何作用于青少年

[一] 1 英寸 = 2.54 厘米。

的大脑的。

要知道,在 12～14 岁之间的某个时候,青少年的大脑会开展一项惊人的整修工程[2]。它会修剪掉那些已成为累赘的神经元,让自己发展成熟,成为一部灵活的思考机器,能够在旧的论点上戳出新的漏洞,旋转各种思想理念以便从多个角度看待它们,同时采纳相互矛盾的视角,比如,一边兴高采烈地关注卡戴珊家族的荒唐行径,一边口齿伶俐地对她们的生活方式进行详尽而猛烈的抨击。

不管是好是坏,这一神经系统的彻底改造是按照大脑在子宫内发育的相同顺序展开的。它从脊髓附近的原始区域开始,逐渐发展到位于前额后面的高级区域。实际上,这就意味着,[3] 位于原始边缘系统中的大脑情感中心的全面升级,先于位于高度进化的前额叶皮层中的大脑思考判断力维持系统。当一个青少年感觉平静时,他的逻辑推理能力可以等同或超过任何成年人。而当一个青少年变得心烦意乱时,他那异常强烈的情绪就可能绑架整个神经系统,引发耀眼的闪光片风暴,把你原本理性的女儿变成瘫坐在厨房地板上泣不成声的泪包。

由于我个人对于闪光片有一些顾虑,所以也就没有为我的私人诊所或是我在劳蕾尔学校的办公室购买制作闪光罐所需的材料。然而,这并没有阻止我热情地鼓励那些同样关心青少年的朋友和同事们为他们自己制作闪光罐。而且,我在得克萨斯州的经历改变了我对迷失在痛苦龙卷风中的女孩们的回应方式,在家里和在工作中都是如此。在我的脑海里,我一直能听到那位咨询顾问在说:"首先,让你的闪光片平静下来吧。"所以,现在我首先会问对方是否需要喝点儿水，或者，如果我有零食的话，我会问她想不想尝尝。我强迫自己耐下性子，稳住自己。与此同时，我会用轻松的口吻大声问，如果出去散散步，舒展一下双腿，或者是玩一些我手边的填图游戏，是不是会让她感觉好一点。

我有一种冲动，想立刻去安慰她，向她提出建议，或是询问她当初是如何让自己陷入如此糟糕的境地的，要抑制这种冲动并不容易。然而当我暂时按兵不动，专注于为她大脑中的风暴提供平息下来的机会时，就会发生两件至关重要的事情。

首先，这个女孩可以看到，我并没有被她的感觉吓坏。这听上去似乎没什么大不了，但是我们必须记住，此刻她的前额叶皮层正在受到情绪的阻碍，她至少眼下无法客观看待让她失去理智的事情。当成年人冷静而不带任何轻视之意地回应她们时，女孩们就可以看到我们在泰然自若地面对危机。这远比手忙脚乱、全员动员式的反应更能让青少年安心，因为后一种反应表明，她们的危机让我们受到惊吓的程度不亚于她们。另外，正如大多数父母通过吃一堑长一智的方式了解到的，强行向一个已经感到不知所措的女孩灌输建议，或是逼问她究竟干了什么事让自己陷入危机中，通常就等于在用力摇晃她的头脑闪光罐。

其次，一旦这场闪光片风暴平息下去，女孩的理性大脑皮层就会重新上线。现在她的头脑清醒了，可以思考如何从根源处解决她的极度焦虑问题，或是得出结论，问题其实没那么严重。这可以解释在任何一个有青少年的家庭中都会发生的古怪而又很常见的事件序列：首先，这位青少年崩溃了；接着，她拒绝父母提供的任何帮助或建议；然后，她在焦躁不安的大发作中把自己关在房间里。现在，她的父母自己也崩溃了，狂躁地考虑要不要把女儿送到精神病院的急诊室去，或是请家庭牧师或拉比[一]过来做紧急咨询，或是搬到一个新社区去，以便让女儿重启人生。

最终，女孩会再次出现在大家面前，这时她已完全恢复了理智。她的父母困惑不已，但却真诚地松了一口气。她会向父母讲述她经过深思熟虑打算如何应对困境，或是征求父母的建议，或是精神抖擞，举手投足间就好像什么都没有发生一样。记住，让女孩的神经系统的闪光片平静下来，即使不能直接解决问题，至少也能使解决问题成为可能，这是一条重要的育儿规则。

即便如此，在所有的育儿实践中，经历青少年的闪光片风暴也可能是最令人头疼的事情之一。在这种时候，女孩的感觉是否被夸大了或是否理性并不重要。重要的是，对于她以及身边爱她的父母而言，她们的感受非常真实。当你的女儿失去判断力时，你也很容易失去判断力。因此，为这种时刻提前预备对策往往大有帮助。我的一个朋友会在食品柜里贮存很多茶，以备女儿过度劳累时饮用。在等待女儿的闪光片平静下来时，为了让自己保持冷静，我的朋友会拿出收藏的各种茶，认真地摆放在女儿面前，供她选择。花草茶是最好的选择吗？还是喝点含咖啡因的茶？想要什么风味的茶？加点儿牛奶或蜂蜜会让茶变得更好喝吗？

[一] 拉比：犹太教经师或神职人员。——译者注

作为父母，当女儿崩溃时，我们需要做出回应，而不是起反作用。斟酌喝什么茶让我的朋友得以既待在女儿身边提供充分的支持，又不会陷入女儿那狂躁而转瞬即逝的情绪风暴中。为了达到这种微妙的平衡，另一些父母会静静地倾听女儿的心声，然后谨慎地向伴侣、值得信赖的朋友或经验丰富的父母寻求支持或指导。还有一些人则会坚持一条"24小时法则"，即在至少24小时之内，不采取任何行动去回应女儿暴风骤雨般的痛苦。所有父母都需要某种策略来应对女儿的闪光片风暴，你得花时间去寻找一个适合你和你女儿的方法。

如何对过度反应做出回应

即使没有进入彻底狂乱的状态中，所有年龄段的女孩有时也会表达令人担忧的、非理性的恐惧。她们会说："明天不会有任何人愿意跟我一起吃午饭！"或者，"我永远也别想在学校的演出中获得一个角色。"或者，"我是上不了大学的！"所有这些话我都听到过，它们更多是出自那些人见人爱、富有演艺才华，或者是即将收到好几份大学录取通知书的女孩之口。在这种时候，我们的本能反应是进行安抚。我们会说："那种事情绝对不可能发生！"并希望事情到此就结束了。

如果这样的回应通常是有效的，那么我们的女儿就不会像现在这样紧张和焦虑了。当然了，偶尔，我们的温言软语确实能一举战胜某种焦虑。然而，更多时候，提供安慰的做法感觉就像在玩老掉牙的打地鼠游戏。问题刚一冒头，我们乐观的木槌就落了下去，把担忧敲回它的洞中，接着一个新的问题又在其他地方出现了，我们刚敲中它的脑袋，就发现先前担忧的问题再次出现了。

为什么安抚不起作用了，尤其是在回应非理性的担忧时？答案就是，因为它没有认真对待女孩遇到的问题——不管问题本身看上去有多傻，这样一来，女孩们会觉得被轻视了。如果我们想永远摆脱某种担忧，我们就必须非常认真地对待它。

要做到这一点，我们有若干可行的办法。如果你了解你的女儿以及她所担忧的问题产生的背景，这将有助于你决定如何展开行动。有时我会开玩笑地问女孩们："想不想玩一个'最糟剧情预测'游戏？"如果我所面对的女孩很随和，我会先说："好吧，假设你是对的，也就是说，明天午餐时没人愿意跟你坐在一起。"我用一种介于中立和乐观之间的语气来表达我完全能接受这种令人不快的可能性。"如果是那样的话，"我会问，"你会怎么做？"

如果我们以身作则，展示忍受恶劣局面的能力，就能帮助我们的女儿也做到这一点。那么，我们可以想办法向前推进。即使我们认为女孩们过分夸大了自己的担忧，也要花点时间认真地和她们一起制定应对策略，这能帮助她们感到更冷静、更能掌控局面。

"我也不知道。"一个女孩对我说，"也许我会一大早就去问某人是否愿意跟我一起吃午饭。"

"好主意。那如果这样做失败了呢？你还可以做什么？"

"如果不愿意的话，我还可以选择把午餐拿到安静的学习区去吃。"

第二章 女孩和父母在一起

"你想这么做吗?"

"不太想。但是那些平时爱去安静的学习区吃午饭的同学,她们中有些人我很喜欢。我可以去问问看她们是否愿意第二天跟我一起在餐厅吃午饭。"

依此类推。

当我觉得玩"最糟剧情预测"游戏的提议可能会让对方觉得我有点儿油嘴滑舌时,我通常会选择另一个与它密切相关且同样有效的方法。首先,我会提醒自己,生活中的事物可以被分为三类:我们喜欢的事物,我们能对付的事物,以及构成危机的事物。任何一个经常和年轻人相处的人都知道,当儿童和青少年们感到紧张不安时,他们很可能会忘记中间那一类事物的存在。他们有时会认为,当事情没按照他们所希望的方式发展时,他们就面临危机了。成年人的责任就是帮助他们从另一个角度看待问题。

十月下旬的一个傍晚,一个名叫莫莉的高三学生让我意识到,当理想的成绩和灾难性的成绩之间不存在任何缓冲区域时,可能给人造成极大的压力。由于篮球赛季刚刚开始,所以莫莉到我办公室来的预约时间从平时的下午三点半改为下午六点,这样我们可以在她训练结束后见面。当我去候诊室接她时,她看上去筋疲力尽的。她耷拉着肩膀,面无表情,这说明无论她正在面对什么烦恼,总之她的烦恼已经远远超出了在辛苦地训练到很晚之后还要跟我碰头这件事情所能带来的烦恼。

我们互相打过招呼,莫莉就跟着我走进我的办公室。与我在劳蕾尔学校隐藏在楼梯下面的小窝点不一样,在我的私人诊所里，我办公室的四面墙中有两面墙上都有很大的窗户。我白天几乎从不开任何灯，但是在十月下旬的傍晚时分，太阳已经快要落山了。我给莫莉做咨询已经有五个月了，这是我们第一次在自然光即将消失的时候，在顶灯和台灯的光晕笼罩下碰面。

"怎么了？"我问道，这表明我很乐意在这次咨询中讨论她想谈论的话题。

"篮球快要把我坑死了。"莫莉用一种彻底失败的语气回答，"我绝对没有开玩笑，我想我最后可能会成为JV代表队中唯一的高三学生。"

"呃哦，听起来不太妙。"我同情地说，"为什么？"

"去年我差点儿就进了校队，而且这个赛季我表现得很好，所以这根本不应该是个问题。然而今年夏天一直困扰着我的脚踝扭伤又发作了。我的教练知道我已经尽力了，"莫莉停顿了一会儿，一脸沮丧，"但我不得不经常坐在场下。"

"关于你的扭伤，队医是怎么说的？"

"他似乎对此很乐观。他认为，如果我现在放松一点，那么我很快就会好的。然而我能看得出，教练已经在为我进入JV代表队做准备了。"莫莉的声音变得紧张起来，"他一直在谈论队里有多少优秀的高三选手——当然了，她们都会进入校队。他还告诉我，不管他们如何安排球队，我都是可以当主力的。"

"我很抱歉。"我说，"脚踝的事听上去确实很倒霉。"

"对吧？"莫莉说，"我都快要疯了。这件事让我压力很大，连上课都没法集中注意力，满脑子都在想着我什么时候可以给脚做冰敷，然后再包扎起来。我不想做作业，一直在网上查询如何治疗脚踝扭伤。"

"听着，我知道你最不希望发生的事情就是今年进入 JV 代表队。"

"是的。"她说道，然后语气中突然带上一丝让人意外的轻浮感，"那我还不如去当保姆，因为我将成为球队里的老太太。"

"即使这件事是你不希望发生的，我想你也有能力对付。"

我发现，在面对压力很大的儿童和青少年时，我经常用到两个词："倒霉"和"对付"。我发现，当年轻人第一次讲述自己的坏消息时，用一句发自肺腑的"哦，真倒霉"来回应，他们就会知道我不会试图说服他们，并让他们感觉好些。这看似微不足道，但是单凭这个姿态就可以提供惊人的精神支持。事实上，每次采取这种回应方式时，我都能看到这种简单而直接的同理心的近乎神奇的治愈力。

如果对方还需要更多的帮助，我就会将注意力转向去了解这个女孩想如何打她手中的牌。在我看来，问一个女孩想如何处理某件事情就像是给她投了一张信任票。这能让她在痛苦中获得一些发言权，让她摆脱单纯希望问题会自动消失的心态。如果事实证明她能针对眼前的情况做些什么，那是最好的。如果她陷入了困境中，[4]我们则可以使用我们从应对棘手压力的研究中学到的知识：首先，她必须想办法接受现实；然后，她必须找到一种快乐的转移注意力的方式。

"我可以接受进入 JV 代表队的安排。"莫莉说，"我只是不想这么做。"

"可以理解。"我说,"然而听起来你进入 JV 代表队好像已经是既定事实了。"莫莉闻言歪了一下头,并做了个鬼脸,表示她很不愿意接受这种可能性。"如果你对此不作抗拒呢?"我问,"如果你倾向于接受这样一种可能性,即你将无法参加你所向往的篮球赛季呢?"

莫莉突然间显得很伤心,但也更放松了。

停顿了一会儿,她回答说:"我想进入 JV 代表队也不是什么大不了的事,这样我可以确保我的脚踝在明年之前恢复到非常好的状态。"

"入选 JV 代表队有什么优点吗?有没有办法让这件事变得更容易接受?"

"这个队里有一些有趣的高一的学生——事实上我觉得她们比某些校队成员更可爱。既然我可能不得不和高二的学生待在一起,那我倒不如好好享受和她们在一起的时光。"

让任何人去接受一种己所不欲的局面都并非易事,可是,如果我们能毅然让女儿们承受情感上的不适,我们就可以帮助她们对抗痛苦境况。尽管我们本能地倾向于迅速进行安抚,"我相信 JV 代表队也会很棒的!"但这话听起来更像是在说:"你的痛苦让我感到不安。"与此相反,承认某种局面确实很糟糕,需要努力应对,这反倒是在传递一个强有力的、能减轻压力的信息:"对于你所面临的一切,我真的感到很难过,但好在这并不是什么危机,而我就在这里帮助你解决它。"

当女孩们表现出极其荒谬的担忧时,我们的安抚反射神经会做出最强烈的反应。"期中考试可能真的会要我的命。"或者,

"我这辈子注定要独自一人度过周末了！"当我听到诸如此类的宣告时，我必须努力抑制自己的冲动。在这种时刻，我们需要有一种便捷的回应方式，既不轻视也不放纵她们的恐惧。对于你（以及自我克制得太过辛苦的我）来说，幸运的是，我偶然发现了一种可靠的解决办法，即对于女孩们由那种感觉所引起的痛苦表示同情。

下一次，当你的女儿对你说："所有的老师都讨厌我！"试着给她一个真心实意的回答，比如："哦，宝贝……想到这个感觉一定很糟糕吧？"如果她说："我的代数要不及格了！"你就试着说："哦，我觉得不至于，不过，听起来你今天过得很糟糕。"如果你发现与女儿的交流让自己陷入了一种非常无助的境地（例如，"任何人都没有办法让我通过代数考试！"），那么你就得挣脱这种死亡循环对话，办法就是让你的女儿知道，她已经成功地表达出她的情绪状态。你可以温柔地说："我知道你感到很无助，而我只能猜测这让你有多难过。"

积极地对女儿的痛苦表示同情不仅是有效的，而且远远胜过了提供安抚的做法。你可以这样想。当一个女孩一口咬定所有老师都讨厌她时，她其实知道，在某种程度上，这不可能是真的。她真正想表达的是她感到非常、非常不安。如果我们揪住事实对她的话吹毛求疵，或是以兴高采烈的乐观态度进行回应，那我们就没有抓住重点。你的女儿会变得越来越沮丧，从而让你明白自己不得要领。然而，如果我们清楚地表明我们明白她的意思，以及我们可以接受她感觉很糟糕这一现实，那么，我们的女儿就可以从我们的同情中获得慰藉。在那以后，她可以选择究竟是继续探求解决方案，还是干脆把整个问题彻底抛开。

人是会生闷气的

如果你有一个处在正常发育阶段的女儿，那么她有时崩溃一下是正常的，你没有任何办法加以预防。好在她的情绪爆发就其本身而言，几乎不能说明她的整体心理健康状况。

尽管如此，当一个女孩释放出强烈的沮丧情绪时，我们也很难袖手旁观。她是如此紧张，以至于当你问她晚餐想吃什么时，她会没好气地顶你几句，或者是痛苦地蜷成一团，泣不成声。这种时刻对家长而言是重大考验，往往需要极大的耐心才能妥善应对。你女儿有时会产生一蹶不振的感觉，这一点是你无法控制的；但是你要如何回应她，对此你是有很大发言权的。

数十年的研究告诉我们，我们的女儿们能够从我们转瞬即逝的面部表情中读出我们的反应[5]，找到或包容、或加剧她们自身不适感的线索。如果我们心烦意乱，急于让女儿摆脱可控制的威胁，努力靠讲道理来平息她们的"闪光片风暴"，试图用空洞的安抚来消除她们的担忧，或是用愤怒来进行回应，则可能在无意中加剧她们的恐惧。相比之下，做出有分寸而冷静的回应却能够对女孩即时的和长期的痛苦产生强大的积极影响。

然而，正如一个溺水的人拯救不了另一个溺水的人，当我们自己烦躁紧张时，我们也不可能平静地应对他人的崩溃。如果你感到压力过重，或是经常处于高度焦虑中，那么你就得先确保自己能获得应有的帮助,这对你本人和你女儿而言都很必要。研究再一次表明,如果父母自己就非常紧张[6],那么他们的孩子就更容易担惊受怕,难以应对压力。

需要澄清的是,作为父母,我们并不需要——当然也不应该——表现得像平静的禅宗大师一样,面对孩子的混乱情绪采取超然的高深态度。而且,如果我们事后确实后悔用了某种方式回应女儿的话(比如当女儿因为压力过大而变得尖酸刻薄时,我们失去了冷静),我们应该记住,我们的女儿很有适应力,并不需要我们表现得很完美。

尽管如此,我们还是应该认真反思自己的情绪紧张基准水平,并尽量采取措施减少我们自己生活中的紧张感。我们的女儿们都深深地适应了我们的心理状态和我们在家中营造的情感氛围。所以,接下来就让我们来看看父母可以采取哪些具体手段,先确保自己戴好氧气面罩,这样当女儿似乎因压力而窒息时,他们可以做出有益的反应。

当我们听到令人烦躁的消息时

虽然运用心理防御机制听起来不是件好事,但情况并非总是如此。说某人"防御心很强"绝对不是一种恭维,但所有人在日常生活中都离不了自动的心理盾牌。我们往往会在自己都没意识到的情况下唤起我们的心理防御系统来抵御痛苦的情感体验。例如,如果我们错过了公交车,我们会说:"哦,好吧,通过步行获得一点儿额外的锻炼总是有好处的"。此时我们就是在用合理化（rationalization）这一心理防御机制去尽可能利用一种糟糕的局面。当我们生老板的气，并通过辛苦的长跑来发泄愤怒时，我们就是在依靠升华（sublimation）这一心理防御机制将一种阴暗的情绪导向富有成效的方向。

如果我们总是使用同一种防御机制，或者如果防御机制在扭曲现实，如拒绝承认实际上已经发生的事件——否认（denial），或是固执地将自己不想要的感觉如性欲、仇恨或嫉妒等放到他人身上——投射（projection），这时候防御机制就可能是有害的。只要我们使用多种防御机制，并避免使用扭曲事实或损害人际关系的防御机制，那么这些精神盾牌就有可能帮我们抵挡住日常生活中的心理打击。

区分（compartmentalization）是一种相对不引人注意但却很有价值的心理防御机制。我们不妨将它称为"我现在不打算考虑这个"防御机制，在日常生活中，我们经常会使用它。例如，司机们都知道，在任何一个十字路口，从对面过来的人都可能闯红灯，并造成严重事故。然而，如果我们真的一直去考虑这种可能性的话，我们就没法开车了。所以当我们坐上车前往我们要去的地方时，我们不会去想这个问题。

不断接触这个世界上的坏消息会使人情绪低落。现代生活——尤其是无处不在、能让我们随时了解世界各地发生的事情的数字设备——让我们比以往任何时候都更难"不去想"发生在我们日常生活圈之外的令人不安的事件。世界上一直是有坏消息的，但是在过去，我们只能在早上看报纸、在晚上看电视新闻，因此将坏消息区分也就比现在容易多了。当然，对世界上正在发生的事情有一个更广泛、更深入、间或实时更新的认识，这能带来诸多优势。毫无疑问，做一个见多识广的人是有好处的。更重要的是，对时事的了解和对他人苦难的同理心能激励我们采取有价值的行动，并提醒我们不要把自己的好运视为理所当然。

尽管如此，我们也必须认识到，持续不断地获取新闻是要付出代价的，特别是在获取令人紧张的新闻时。源源不断的令人不安的新闻会让我们神经紧绷，情不自禁地在电子设备上查看最新进展。

我们还应该记住，媒体就其本质而言总是会强调正在发生的不幸事件，而不是没有发生的不幸事件。这种失衡状况会不必要地放大我们的恐惧。虽然这个世界目前似乎比过去的几十年更加深受战争的困扰[7]，但客观证据表明，与冲突有关的死亡在20世纪60年代、70年代和80年代比今天更为常见。一个类似的情况是，美国心理协会进行的多项调查表明，现在有更多的成年人因担忧人身安全而感到高度紧张[8]，其数量超过了过去十年中的任何时候。至于这些担忧是否反映了现实，几乎可以肯定是因人而异的，但是担忧水平的总体激增与数据是矛盾的，因为数据显示，[9]美国的暴力犯罪率和谋杀犯罪率已经比十年前大幅下降了。

在与家庭更为密切的领域，媒体上充斥着"点击诱饵"（clickbait）㊀，这就意味着我们所听到的关于青少年的新闻通常都是些令人惊恐的消息。这会让父母们过度担忧，尤其是考虑到

㊀ 指网站上诱导人们点击链接的内容，比如耸人听闻的标题等。——译者注

当前这一代青少年是有记录以来表现最好的一代。[10] 与前几代青少年相比，眼下这一代青少年较少尝试过大麻、可卡因或致幻剂，较少尝试过饮酒或酗酒，较少吸烟。[11] 他们更倾向于戴自行车头盔，系安全带，拒绝与酒后驾车者同行，[12] 发生性行为的可能性也较低。即使真的发生性行为了，今天的青少年的性伴侣数量也较少，而且更可能使用避孕套。我们的青少年确实要面对新出现的危险，比如电子烟和阿片类药物滥用（顺便说一句，[13] 这种情况在成年人中比在青少年中更为常见），但总体情况很清楚：作为一个群体，今天的孩子们比我们当年任何时候都能更好地管理自己。

不用说，这一切并不意味着我们应该停止为我们的孩子感到担心——为人父母，担心是在所难免的。我们也不应该轻视或忽视每天发生在我们身边的真实的人类与环境的灾难。然而我们应该认识到，向我们提供新闻的媒体和数字平台有一个的共同目标，那就是吸引我们的注意力。显然，如今要吸引我们的注意力真是前所未有地容易，因为我们大多数人在醒着的所有时间里都随身携带着一台新闻传送设备。

选择对世界上发生的事情了解多少是一个非常个人的决定，但是现代科技要求我们对这一决定进行反思并做出选择，特别是当我们付出的心理健康代价开始超过与时俱进带来的好处时。人们很容易认为，如果拥有信息是好的，那么拥有的信息越多就越好。虽然对某些人来说可能是这样，但并非对所有人而言都是如此。如果对当前的新闻了解得太多导致我们神经反应过度，那么我们自身的焦虑就会不可避免地蔓延到孩子们身上。如果媒体过于热衷于报道有关青少年的最新坏消息，导致我们将自己坚强而稳重的女儿们当作脆弱而鲁莽的人来对待，那么出于对女儿们负责任的态度，我们就应该重新考虑我们与新闻圈的关系，也许需要断然进行某种有意识的区分。

收集情绪垃圾

正如我们现在比以往任何时候都拥有更多关于全世界的令人焦虑的信息一样，同样由于数字技术，我们也比之前的任何一代父母都更了解自己孩子的生活细节。在这里，我们同样不应该认为，稳定的信息输入，特别是关于自己孩子的不安感或焦虑感的信息输入，总是一件好事。

心理学家早已知道，青少年有时会通过将自己不想要的情绪传递给父母来应对痛苦的感觉。在手机出现之前，青少年会通过漫不经心地在餐桌上公布爆炸性新闻来实现这一点，比如说："哦，对了，我们家的车子得换块新挡风玻璃了。"然后再抗议说，父母对此感到不安实属反应过度。事实上，这位少女可能一整天都在为导致挡风玻璃破裂的事件感到难过，但最终她的不适已经超过了她的忍耐极限，所以她把自己的痛苦甩给了父母，就像人们扔掉垃圾一样——她把这事扔了出去，从此不想再跟它扯上任何关系。这种老套路对那些感到从情绪垃圾中解脱出来的女孩而言很有效，但对被迫接手这些垃圾的父母来说就不太妙了。

事实证明，手机就是世界上最方便的垃圾槽。确实，对于任何有幸拥有一部手机的少女而言，她的家长几乎都应该很熟悉以下剧情。一开始，一个青春期的孩子在中午发了一条荒谬可笑却令人担忧的短信，可能类似于："跟你说一声，我要辍学了。"作为回应，慈爱的父母对此表示好奇，并附带一个深表关切的表情符号："哦，不！发生什么事了？"对此这位少女拒绝回复。从那一刻开始，这位家长一整天忧心忡忡，不知道究竟是什么事让女儿发了那条令人惊恐的短信，即使再次发短信询问，但还是无法从女儿那里获得更多的信息。为什么？因为这位女儿只是想摆脱情绪垃圾，而不是和父母就此展开讨论，反正现在是父母在背负那种曾经属于她的可怕感觉。

当父母和女儿在当天晚上再次碰面时，可能会出现很多种情形，但最有可能出现的情形是，女儿在通过数字技术抛弃情绪垃圾的那一刻已经感觉好多了。简而言之，通常的结果就是，让父母担心了一整天的问题，女孩到家时几乎已经想不起来了，或者至少已经对解决这个问题没有兴趣了。

在三番五次被其14岁女儿发来的短信折磨得六神无主，无法安心工作之后，我的一位朋友想出了一个绝妙的办法来改善这种互动方式。她买了一本漂亮的笔记本送给女儿，说："我们来试试这么做。白天你有任何想发给我的短信，都写在这上面。等到了晚上，你再给我看你想让我知道的东西。"结果，她女儿把笔记本当成了一个收纳在学校里突然出现的不舒服的想法和感觉的仓库。等到夜晚来临的时候，她已经很少有兴趣分享任何有关已经被她远远抛在脑后的事情了。然而，当她回到家里时不时的，也确实急于告诉母亲白天所遭遇的一些小挫折。

笔记本方案有效地同时达到了三个目的。首先，它阻止了青少年接连不断地发出令人不安的短信，同时又丝毫未流露出轻视其担忧的意思。其次，我的朋友不需要明讲，就让女儿明白了，在学校里不可能发生任何需要母亲立即介入的事情。退一步说，即使真的发生了这种事情，相信校方也会让一位成年人通知家长的——换言之，笔记本的作用是提醒青少年有很多事情是他们自己有能力应对的，可是当他们感到烦躁不安时，他们有时会忘记这一点。最后，当女儿确实有某个担忧需要倾诉时，她可以和状态冷静的母亲进行讨论，因为多亏了那本美好的笔记本，母亲并没有在为女儿而感到的焦虑不安中度过一整天。毫无疑问，这让我的朋友很容易用平静而有分寸的方式回应她女儿的担忧，而我们都知道，这种方式是最有帮助的。

父母有可能知道得太多

在数字时代，为人父母意味着可以获得关于孩子们生活的海量信息，这远远超出了孩子想与我们分享的量级。如果我们愿意，我们可以阅读他们与朋友们的对话，了解他们在社交媒体中的参与情况，知道他们在网页上的搜索记录，甚至可以追踪他们的实时位置。

我发现，关于家长应该在多大程度上监控孩子对技术产品的使用情况，或是用技术产品来监控孩子，我无法给出一个通用的答案。这里面有太多的变量在起作用，比如孩子的年龄、冲动性水平、过往表现等。然而如果我们从管理父母焦虑的角度来看待孩子的数字生活的话，我认为我们应该承认，现在我们有可能对孩子的事情知道得太多了。让我看清这一点的事情是，有一天下午，在我进行坐诊咨询时，一个名叫海莉的友善而体贴的17岁女孩向我描述了她和她父亲之间的一次争执。

她显然很恼火，说："这个周末我爸冲我发脾气了。简直太可怕了。"

"发生什么事了？"我问道，并没有掩饰自己的惊讶。她是我认识的最守规矩的女孩之一，所以我很好奇是什么导致了她父亲发脾气，据我所知，她父亲是个很善良的人，也是一位非常焦虑和溺爱孩子的父亲。

"我们的返校节是在星期六晚上，之后的盛大派对是在特里纳家举行的。她不是我的好朋友，但我们有很多共同的朋友。舞会结束后，我所有的朋友都去她家了，但我父母不想让我去，因为他们听到过很多传闻，说特里纳家里总是发生些很不像话的事情。"

我点头表示她不需要进一步解释。我很清楚，在大多数高中里，总有至少几名学生的家里因成年人疏于监督而臭名昭著。

"我同意不去她家，这让我有点气愤。"她说，听上去既沮丧又无奈，"但我圈子里的其他人都要过去，而且我是负责开车的人之一。所以，我把我的约会对象送到了特里纳家，然后和特里纳的姐姐在前廊聊了大约五分钟——她姐姐刚从大学回来。"

"当我回到家里时，我爸爸暴跳如雷。他一直在通过我的手机追踪我的位置，并且因为我去过特里纳家而怒不可遏。他才不管我是不是待在那里玩了，就算我根本没迈进她的家门也没用。"

"哦,"我有点无力地说,试图用不偏袒任何一方的方式进行回应。

"后来他听我解释说当时没有足够的车把我的朋友们从舞会送到派对那里,这才稍稍平静下来。"海莉垂头丧气地补充说,"他认为我应该打电话告诉他我会在特里纳家待一会儿,而且他说他现在觉得无法信任我了。"

我又"哦"了一声,然后问道:"他平时会通过你的手机了解你的行踪吗?"

"说实话,我也不知道,而且我也不认为他存心要抓住我干坏事什么的。我想他只是会在我晚上出去时感到担心,想确保我是安全的。"

当我听海莉讲述自己的遭遇时,我很为她难过,因为她真的没有做错什么。与此同时,我也为她的父亲感到难过,因为他掌握的信息超出了有用的范围。现在,回首过去,他会想到这个痛苦的周末;展望将来,等待他的是紧张的父女关系。在为海莉这样的青少年做咨询的过程中,我发现他们与父母因为了一些活动发生了纠纷,而这些活动是我们做父母的父母永远也不可能了解的,这让我想到了医学上的一个类似情况:全身计算机层析成像(computerized tomography,CT)的可用性。

我们通常所说的CT检查为我们提供了一幅非常详细的人体X射线图,并且被奉为一种在看似健康的个体身上捕捉严重疾病早期迹象的法宝。然而,大多数医生却认为,对没有疾病迹象的人进行扫描的弊大于利。事实上,[14]美国食品药品监督管理局

（Food and Drug Administration）禁止 CT 系统生产商宣传对无症状人员使用他们的机器，因为看似正常的检测结果可能具有误导性，而"假阳性"（被证明不准确的疾病指征）则可能导致进一步不必要且具有风险性的检测。对于父母而言，手机并没有太大不同。它们就像 CT 扫描一样，能提供大量信息，这些信息既可能引起焦虑，又很难以解读。

尽管我们有许多很好的理由去监控孩子们对技术产品的使用情况，但我认为，在发现看似令人惊恐的信息时，我们应该谨慎行事。例如，一种经常发生的情况是，当父母浏览孩子的短信或社交媒体玩笑时，会惊讶地发现自己的女儿和她的好几个朋友说着一口流利的脏话。这一新发现可能导致若干种不同的反应。父母可能会担心女儿的脏话代表着她淘气性格的冰山一角，想不明白自己对女儿的道德教育究竟在哪里失败了，并开始对她产生怀疑，而这种怀疑会导致关系紧张。又或者，他们可能会记得，无所顾忌和突破边界实际上是青少年正常和健康发展的标志，而且，当我们自己还是青少年时，我们中的大多数人都曾在更衣室里、大巴后排座上以及课堂上传递的小纸条中尝试过"丰富多彩"的语言。

虽然我们很想将关于我们自己青少年时代的记忆洗白，但是，更正确、更有用的做法或许是，认清我们这一代人和我们的孩子之间最大的不同之处在于，当年我们的父母根本无从知晓我们在外面干了些什么，我们如何与朋友交谈，或者甚至都不知道我们究竟在哪里。而且，正因为如此，他们可能比我们睡得更踏实。

从这个角度去考虑问题，当父母发现孩子在网上脏话连篇时，另一种可能的反应是，父母将他们所发现的情况与发现的场所区分开来。他们可以说："我们知道，当身边没大人时，你和你的朋友们会说脏话——这没有问题。然而我们给你买手机时，你曾答应过'不在网上发布任何你不想让奶奶看到的言论'，现在你食言了。如果你想告诉你的朋友们，是我们禁止你在网上说脏话的，我们没有意见。"

很显然，上述方法假定父母并不隐瞒自己在监控女儿对技术产品的使用情况。我通常并不是一名喜欢制定规则的心理学家，但如果你一直在检查你女儿在数字设备上的活动情况，那我认为你最好让她知道这件事。一方面，告诉女儿你保留检查她的手机或电脑的权利，这就等于安装了一个减速器，当她受到诱惑，想在网上做出错误的选择时，这或许能让她三思而后行。另一方面，这意味着你可以随时与女儿讨论任何你所发现的令人担忧的信息。事实上，如果 CT 扫描发现你的肝脏上有一个斑点，你会希望尽快知道它到底严重到什么程度。如果你女儿的数字生活中有什么东西让你感到紧张，和她就此展开讨论几乎总是消除你自身不适感的最佳途径。

既然用 CT 扫描来做比喻，自然就会引发一个问题：监控一名行为端正的青少年对技术产品的使用情况是否有意义？就和我们选择对新闻的关注程度一样，对这个问题的答案因人而异。然而最关键的问题始终没变：知道得更多并不总是更好。

如果我有什么简单的办法可以应对监管数字居民的挑战，我一定会和盘托出，可惜我没有。不过我可以告诉你，作为一名有着几十年经验的执业医师，我坚信，年轻人生命中最强大的力量是与至少一位有爱心的成年人保持一种充满关爱的、有效的关系。作为现代父母，我们需要确保花在监控女儿使用技术产品上的时间不会妨碍到这种联系，或是有取而代之的危险。

要想维护这种关系，我们应该记住，如果我们与女儿之间没有明确而直接的沟通渠道，那么监督她在数字设备上的活动就不能保证她的安全。当父母们发现自己严重依赖数字监控来保持与女儿的联系时，我总是建议他们努力重启与女儿之间的关系，必要时向心理专家求助。此外，我们应该警惕这样一种可能性，即我们在网上了解到的东西可能不仅毫无益处，而且还会增加我们作为父母的担忧，并使家庭成员之间的互动变得紧张而无益。

让系统更加游刃有余

每天，我都要送我的小女儿步行去我们家附近的小学。把她送到地方之后，我通常会花 10 分钟时间步行回家，一路上与其他遵循同样惯例的父母聊天。有一年春天，我和一位住在我们家附近的父亲进行了一系列晨聊。他也有两个女儿，大女儿上的是我们的社区小学，而小女儿当时则上了一个离家大约 15 分钟车程的学前班。这位朋友和他的妻子正在考虑是否应该在那一年秋天把小女儿转到我们社区小学的幼儿园来，或者就让她在目前的学校再待上一年，然后再转到社区小学上一年级。

我们每次花 10 分钟时间权衡他们家面临的困境。两个决定各有利弊，我们越讨论，事实就越清楚，即对他们的小女儿来说，任何一个选择都不比另一个更具明显优势。最后，我问道："有没有哪个选择能让你们一家人活得更轻松——让整个系统更加游刃有余？"

"哦，是的。"我的邻居说，"让她俩上同一所学校会让我们更轻松些。她俩会有同样的假期，同时放雪假，而且我们也不用开车去接小女儿了。"

"如果两个选项在其他方面都难分伯仲的话，"我回答说，"但是把她转到我们社区的幼儿园能让你和你妻子的生活变得更轻松，那么我认为对你们全家而言，这就是最好的选择。"

我可以说，这是我通过自己的痛苦经历获得的教训。就我个人而言，我是很喜欢忙忙碌碌的生活的。不幸的是，我希望达到的活动量已经很接近我无法承受的程度了。在我初为人母的日子里，我会想办法为每一周制定尽可能多的计划。我总是能想方设法为我的一个女儿多安插一节艺术课，或者是找个临时保姆，这样我就可以在我丈夫也必须外出的晚上去发表演讲了。到了孩子们需要在学校分送生日点心的时候，我会满脑子盘算这些点心必须是健康、美味、自制的。我就像在用自己特有的略显狂躁的方式玩，同时抛转十个盘子的杂耍，而一切看起来都相当顺利。

直到有人呕吐了。

或者是我的车启动不了，或者是临时保姆因故取消预约。

这时候，所有盘子都会砸下来，我的活动安排会从繁忙直接变成要命。在半慌乱状态中，我得尽量把我拥挤的日程安排与生病的孩子的需求协调起来，想办法利用唯一一辆车来处理好家中忙乱的事务，或是在最后关头找到一名临时保姆。

当我首次接触到关于日常琐事的研究[15]，我的这种母亲躁狂症大约持续了三年，这是因为我要和一名同事一起编写一本教材。我一直在阅读我所属领域的研究资料，但是激励我在自己的生活中做出真正改变的研究成果，我只能说出少数几个。我看到，由小麻烦累积形成的压力即使不比由真正大灾难带来的压力更严重，二者至少也是相差无几的，我的亲身经历就证实了这一点。当我的一个女儿因为流感而倒下时，问题不在于她生病了，而在于家里每个人的日程都被排满了，以至于她生病一事造成了一系列日程安排问题。事后看来，应对方法似乎非常明显，一旦我学会在我们的家庭系统中留出余地（我也知道，并非所有家庭都有办法留出这种余地），我就发现这是一种真正有效的解毒剂，可以缓解日常生活中各种意想不到和不可避免的压力。任何时候，只要有可能，我尽量不问自己："我能不能把这件事塞进一周计划中？"而是去考虑："我应该这么做吗？"

当然，我们不可能提前知道我们的日程计算是否正确，而且我也会故态复萌，超额安排日程。每当这样的事情发生，生活都会用某种方式再次提醒我，最好把家庭的基线活动水平设定在我们实际能完成的75%左右。

当我们没有满负荷运作时，家里的每个人都会感到压力和焦虑减轻了。长期的疯狂被相对的平静所取代，而且，一旦出现问题，我们要处理的就仅仅是挫折，而不是危机。现在，有时我会挺不好意思地将在商店里购买的甜甜圈送到学校去，尽管我也知道我有充足的时间去做更健康的点心（并不是说孩子们会更喜欢吃)。现在也有一些时候，孩子生病不再会引发一场灾难，我只需要打个电话把工作重新安排到有空的时候，这样我就可以守在家里，和病号一起看电影了。

当事情进展顺利时，手头时间宽裕也能为自发的娱乐创造空间。有一天，大雨倾盆，我的小女儿认为我们最好穿戴上所有的雨具，步行去上学，而不是像我们平时那样，当天气不好时开车上学。我同意了她的计划，仅仅是因为在把她送到学校后，我正好有时间回家换上工作服。那段踩水坑的步行经历确实很有趣，三年后我们依然不时回忆起它。

我们和孩子们共度的时光很短暂，每一位慈爱的父母都觉得必须充分利用这段时间。这会让我们认为，要充分利用时间，就得把时间填满，特别是去进行有着明确目标的结构化活动，比如从事体育运动，或是上课，或是制作可爱的家庭纸杯蛋糕。我必须努力抗拒自己的天性才能体会到，在很多时候，我们是单纯通过拥有时间来实现对时间的充分利用的。我总是违反自己的直觉，故意将家庭日程安排得很宽松，而该策略始终被证明是一条可靠的策略，可以减轻我们生活中的压力，并且在很多日子里增加我们的快乐。

金钱可以买到压力

正如我们可以选择把日程安排得不那么紧凑，以便更好地消化家庭生活中不可避免的灾难那样，新的研究表明，其实，当父母们选择过得比自己所能承受的更节俭一些时，孩子们感受到的压力也会较小。我们早就知道，[16] 在贫困中长大会带来无尽的压力。然而在过去的十年里，多项研究已经清楚地证明，家境富裕并不总是像人们想象中那样有益于儿童和青少年。事实上，心理学家苏妮娅·卢塔尔（Suniya Luthar）及其同事们进行了一项卓越的工作，他们记录下在父母富裕的年轻孩子中，[17] 情绪问题的发生率有所上升。

令人惊讶的是，卢塔尔博士的研究表明，来自富裕家庭的青少年比来自低收入家庭的孩子更容易患抑郁症、焦虑症和药物滥用[18]。为了解释这些出人意料但证据确凿的发现，专家们指出，在富裕环境中长大会给孩子们带来巨大的成就压力[19]。此外，研究表明，财富会在父母和孩子之间造成生理和心理上的距离[20]，因为高收入的父母经常要工作很长时间，会把照顾孩子的工作交给保姆、家庭教师，把孩子送去课外活动班。

然而，最近，[21] 心理学家特蕾丝·伦德（Terese Lund）和埃里克·迪林（Eric Dearing）从一个新的角度探讨了富裕对青少年身心健康的不利影响。他们想知道给年轻人带来问题的究竟是金钱本身，还是富有的父母有权自行做出的选择损害了孩子们的心理健康。为了回答这个问题，他们区分出两个在以往的研究中被混在一起变量，即父母的收入和家庭居住地。

通过研究一个在经济上和地理上有所区分的样本，伦德和迪林发现，单单是富裕本身并不会对健康的心理发展构成威胁。然而，一个家庭周围环境的富裕程度确实很重要，而且是非常重要。值得注意的是，在最富裕的社区长大的女孩报告焦虑和抑郁症状的可能性比生活在中等收入区域的女孩高出一到两倍。与此同时，生活在最高档社区的男孩惹是生非的可能性比生活在中产阶级社区的同龄人高出一到两倍。

心理学上还有一条基本规律：在压力之下，女孩会向内自我崩溃，男孩则会向外采取行动。换句话说，虽然生活在富裕社区的女孩和男孩有着不同的问题，但是他们所遇到的麻烦（女孩们精神崩溃，男孩们行为不端）的性质表明，这两个群体都面临着与父母所选择的居住地点有关的压力。你可能想知道，在研究中，压力最小的是哪些孩子？——是那些和富有的父母居住在中产阶级社区的孩子。

这些卓越的发现鼓励我们去思考两件重要的事情。第一件事情是，生活在中产阶级社区的富裕成年人选择低于自己财力允许的生活，以便让自己的家庭系统在经济上游刃有余。他们的房子可能比他们能负担得起的要小，也没那么豪华，但他们手头有现金，可以消化巨额和意外的开销，比如需要更换屋顶。当然，有一些生活在上等社区的富裕家庭，如果屋顶必须更换的话，他们能很轻松地掏出这笔费用。然而，也有很多家庭，他们竭尽全力生活在他们能负担得起的最高档的社区。当他们的屋顶需要更换时，他们和孩子们就会感到经济危机带来的压力。

第二件事情是，当父母选择低于自己财力允许的生活时，他们的孩子对自身未来感到的压力也会较小。几乎所有人都希望成年以后生活得至少和童年一样舒适。这就意味着，在奢侈生活圈里长大的年轻人会产生一种压力感，得想办法在将来独力维持自己昂贵的生活方式。

我在工作中惊讶地发现，很多来自富裕家庭的雄心勃勃的青少年似乎只关注自己未来的职业成功，而且只关注少数几种职业（如商业或金融业），只考虑居住在几座美国大城市里。与之形成对比的是，我经常发现，来自中产阶级家庭的青少年更容易谈及范围广泛的工作选择和定居地点。多年来，在我的咨询工作中，我有好几次被一种颇具讽刺意味的情况所震撼，那就是，在思考自己的未来时，富裕家庭的青少年往往显得比普通家庭的青少年更紧张、更束手束脚。

从以下角度看，我们可以理解为什么生活在中产阶级社区的富裕家庭的孩子会处于低压力甜蜜区：他们不太担心自己的未来，因为对他们而言，成年人的成功并不是一个狭隘的目标。除此之外，他们还可以享受富裕带来的减轻压力的好处：由经济缓冲带来的轻松家庭氛围；父母不必为了收支相抵而没日没夜地工作，从而有时间陪伴他们；他们无需贷款即可以从大学毕业。

作为父母，如果我们足够幸运，能够做出经济选择，我们就不能不反思我们所做的选择，这样才能理解这项研究的意义。当然了，我们决定住在哪里、如何度假、开什么车，以及如何在孩子身上或围绕孩子花钱，都是十分因人而异的。同理，我们选择了解多少世界新闻，以及我们决定在多大程度上监控孩子使用技术产品的情况，也是十分因人而异的。这些选择不是一成不变的，我们一路上会遇到很多选择的节点。

我们可以采取措施，通过重新审视这些决定来遏制自己和女儿的焦虑感。人们很容易陷入以下假设陷阱中：当涉及信息、活动安排或享受个人奢侈品时，永远都是越多越好。可令人惊讶的是，有时我们确实可以通过选择不去知道那么多事、不去做那么多事和不去花那么多钱来减轻我们和女儿们所感受到的压力。

作为父母,我们应该努力管控自己在生活中感到的压力,这不仅是为了我们自己,也是因为我们自己的紧张情绪会在家中营造出焦虑的氛围。而家中的焦虑氛围会让我们的女儿们在诸事顺利的日子里也难以感到安心,同样,在她们不顺利的日子里,我们也更难以成为她们所需要的冷静伴侣。接下来,我们要转到一个常常成为痛苦源泉的话题。在成长过程中的某个时刻,每一个女儿都会因为与其他同龄女孩的关系而感到不安。

Under Pressure

第 三 章

女孩和女孩在一起

在大多数情况下，女孩们的友谊会让她们的生活更美好，而不是更糟糕。从幼儿时代起，我们的女儿们就会在一切顺利时和女友们一同玩耍，在遇到困难时依赖女友们的陪伴和支持。在大多数时候，我们的女儿们的社交生活有助于缓解她们的压力和焦虑，而本章将聚焦于其他时候。在成长过程中的某个时刻，你的女儿几乎肯定会在与一个或多个女性同龄人的互动过程中感到困扰。

首先，我们将解决女孩们的关系中会出现的一些由来已久的压力元素。接着，我们将讨论社交媒体改变了游戏规则所带来的影响，以及父母们能做些什么来确保女儿的在线活动不会让她终日感到惴惴不安。最后，我们将讨论女孩们的世界中存在的劳心劳力且危险莫测的竞争。

腼腆的新生很焦虑

在四月的一个阴天，一对三十多岁的夫妇来到我的诊所，讨论他们的女儿即将升入五年级的事。在打电话向我预约时，托妮解释说，她的女儿阿林娜在社交场合总是感到不安。尽管阿林娜在其舒适的小学环境中有两个关系稳定的小伙伴，但是她的父母已经开始担心她该如何应对即将到来的秋季开学。在我们的谢克海茨镇，所有社区小学的低年级学生最后都会升入伍德伯里学校，该校有一座很大的建筑，容纳了本地区所有的五年级和六年级学生。五年级有十个班级，所以阿林娜不能指望会和好朋友分到同一个班级里。

在我们第一次见面时，亚当和托妮一同坐在我的沙发上，轮流向我描述他们九岁的女儿。

"阿林娜是那种很难安下心来的孩子。"托妮温柔地解释说，"她很挑剔，也很紧张——直到比她小两岁的弟弟出生，我们才意识到这种情况有多严重。"

"她的社交焦虑从很早就开始了。"亚当急切地补充道，"当她还是个婴儿时，每当陌生人靠近了，她就会大哭。就连蹒跚学步时，当我的家人从外地过来看她时，她也会躲在我的腿后面。相比之下，她弟弟却好像很喜欢跟别人相处。"然后，亚当又饶有兴味地补充道："她弟弟喜欢参加生日派对，如果我们允许，他能每个周末参加三个玩伴聚会。"

托妮继续说："当我们试着鼓动阿林娜变得开朗一些时，她却变得更加紧张。这时候，我们就不知道该怎么办了，因为她显然很不舒服，没法跟任何人在一起玩。"

"在我们通电话时，"我对托妮说，"你提到阿林娜有两个好朋友。她和那两个朋友之间的关系是怎样的？"

"是的，她在学校里有佐伊和艾琳，她们相处得非常好。阿林娜从上预备班时就认识她俩了，可每当我们问她周末要不要请她们过来玩，她总是说不要。"

亚当显然很担心，他补充说："我们曾经试着消除她的焦虑，但似乎无济于事。事实上，情况好像变得更糟了。"

我好奇地问："你们试着做过什么？"

他用一种担忧而绝望的方式摇了摇头，说："我们努力帮助她建立自信心，并与她谈话，让她要勇敢些，但似乎一点儿效果都没有。"

托妮插了进来："我知道在陌生人面前感到紧张是什么感觉，我有时也会这样。然而让我们担心的是，她的社交焦虑越来越严重了。照这种趋势发展下去，我们甚至无法想象她到了初中会是什么样子。我们希望你能帮助她控制住紧张情绪。"

"我认为我们一定可以让事情朝着正确的方向发展。"我回答道，"然而首先，我认为我们可以先稍微换个角度来看待这个问题。与其说她有社交焦虑——我并不确信她有社交焦虑——我们不如先假设她天生就很腼腆。"

任何有超过一个孩子的父母都知道，婴儿从出生之日起就具有个性。有的很安静，有的很暴躁，有的很阳光，还有的则高度活跃，总是扭来扭去。长期公认的研究结果告诉我们，新生儿的性情都是与生俱来的，大多数婴儿都可以被归入以下三类中的一类[1]：随和的孩子，他们通常很开朗，能很快适应新事物；难相处的孩子，他们作息没有规律，不喜欢改变，可能相当暴躁；以及慢热型儿童，他们相当低调，需要很长时间来适应新体验。

关于这些类别，最重要的是要知道：这三类孩子都是正常的，这三类孩子都会成长为能很好适应社会的成年人。

"换做十年前，"我说，"我们或许不会用'焦虑'这个词来描述你们在阿林娜身上看到的情况。我们很可能会说她是'慢热型'的，我们用这样的方式来形容那些完全正常，但可能比较谨慎的儿童。"

接着，我告诉他们，对四个月大的婴儿进行的具有里程碑意义的研究表明[2]，一些婴儿对陌生的人和环境有着强烈的负面反应，而另一些婴儿则喜欢所有新鲜事物。值得注意的是，[3]我们甚至可以根据婴儿期的脑电波模式来预测哪些幼儿会很怕羞。对于那些到了幼儿期会很小心谨慎的婴儿而言，当彩色乒乓球的颜色发生变化时，他们的右额叶就会亮起，而右额叶是与负面情绪反应相关的部位；但那些到了幼儿期会很外向的婴儿则表现出相反的神经模式。

"从你们所告诉我的情况来看，"我说，"阿林娜可能天生就是这样，她从出生之日起就会在面对新情况时踌躇不决。"托妮和亚当点头表示这符合他们对女儿的了解。"但好消息是，她清楚地知道如何建立、享受和维持友谊。"

"是的。"托妮笑了，"她真的很爱佐伊和艾琳，她们也同样爱她。"

"下一步将是帮助阿林娜学会在新环境中以及在必须认识新

伙伴时该怎么做。在我看来，毫无疑问，她可以变得更善于适应陌生情况。但是要做到这一点，我们需要和她的天性合作，而不是违逆她的天性。"

"就这么决定了。"亚当勇敢地说，"那么，我们该怎么做？"

"从今天开始，你们可以帮助阿林娜观察并接受她对新情况的反应。当你们建议她去参加同学的生日派对时，如果你们发现她变得很紧张，不妨对她说'我发现你对派对的态度很谨慎，这是你的第一反应'。"我继续说，用一种随和而富有同情心的语气进行示范，"'让我们看看你不久之后是否会产生第二反应。我们不妨对这份生日派对邀请多考虑一段时间，看看第二反应会是什么。'你们绝不能帮助她逃避令她感到不适的情况，因为这样做会让她更难以去尝试新事物，但你们必须抓住一切机会让她按照自己的方式去尝试新事物。"

尽管不愿承认，但我确实花过太多时间去帮助人们改变不必要的第一反应。现在回想起来，我认为这些努力几乎白费了。对于变化感到不安的人往往会产生一种相当于自动退缩本能的第一反应。这种本能会非常迅速地被激活，而且不一定能被阻止。如果我们从这个角度去考虑第一反应，那么它只留给我们两个选择：要么与条件反射进行对抗，要么接受并允许做出退缩的条件反射，再看看接下来会发生什么。

现在我相信，反抗一个人天生的第一反应不仅仅是徒劳之举，而且实际上还可能有害。这是我在治疗一个名叫蒂亚的青少年时得到的教训。她说服自己，只有在面对尴尬或困难局面时胸部不再绷紧，她的焦虑才算被"治愈"了。每当她感到那种熟悉的——可能也是天生固有的——紧绷感时,她就把这当成是自己的焦虑依然处于失控状态的信号。不幸的是,蒂亚的胸部一天会绷紧好几次,往往非常短暂。她给自己定下了一个不可能实现的目标,在无助而又绝望的感觉中度过了很多时间,只因为她认为无法控制自己的紧张感。数周过去了,帮助蒂亚保持稳定的平静状态的努力显然毫无进展,于是我决定改变一下策略。有一天,我说:"假如我们接受现实,即你胸口的感觉不会消失,这会怎么样?假如我们不去过分担忧它,只是把它当成一种正常的警报,预示着有什么事情即将发生,这又会怎么样?"

蒂亚顺从地接受了这个想法,并愿意退后一步,去深入了解她胸口绷紧究竟意味着什么。有趣的是,我们很快就发现,她这种胸口被攥住的感觉有时会发生在对外界威胁(比如学校里举行的突击测验)的反应中,但它同样也可能是在提醒她某种不安的内心体验,比如对别人感到恼火或沮丧。

一旦蒂亚和我学会了对她的第一反应采取一种不动声色而又充满好奇的态度,它就不再会引发一连串的痛苦。相反,她生理上的不适只是想让我们知道,在她的身边或内心有某种东西触发了她的内部警报信号。我们的下一步是进一步了解最初是什么引发了她的一触即发式反应。一旦我们知道究竟是什么在困扰她,她就可以思考她的第二反应可能是什么了。在向我进行心理咨询的那段时间里,蒂亚胸中的焦虑从未消失过。然而,当她不再畏惧自己自动的第一反应时,她就能更好地应对任何引发她焦虑的事物了。

我想和托妮、亚当分享这一视角,于是补充道:"从长远来看，我认为你们应该帮助阿林娜去欣赏她的这种试探性风格。她没有任何理由为此感到难过，你们也没有任何理由担心她会过度焦虑。"

尽管美国文化喜欢奖励那些乐于跳进新环境中的性格外向者，但是那些在决定要如何推进之前，先观望和踌躇一阵子的人也是有很多优势的。

"我认为，当你们和阿林娜讨论该如何过渡到五年级时，你们大可以让她放宽心，同时要指出，她不像她弟弟，她不会贸然闯进新环境中。她喜欢慢慢来，在加入之前把情况审视清楚。你们可以告诉阿林娜，她的方法没有错，在她适应环境的过程中，你们会一直支持她，尤其是明年开始去伍德伯里上学时。"

托妮问道："有没有这种可能性，告诉她可以踌躇不前只会让她变得更害羞？"

"事实上，情况可能恰恰相反。"我解释道，"如果你们敦促她前进，她很可能会越发固执己见。如果你们告诉她在前进之前可以慢慢来，这反而会有助于她放松。你们也可以告诉阿林娜，随着时间的推移，一旦她内心的反应逐渐消退，那种小心翼翼的第一反应或许很快就会让位于第二反应。第二反应可能是一种好奇感，一种想要参与或是不想错过什么好事的感觉。"

"我感觉这样做是对的，"亚当同意道，"但是我们如何才能确定她的确没有焦虑的问题呢？说到底，我们希望她能交到很多朋友。"

"目前，"我回答道，"你们所描述的关于阿林娜的所有情况都在十分正常的范围内。我知道如今有很多人在担心焦虑，但我们千万不能冒险去创造一个会自我实现的预言。如果我们把阿林娜当作精神崩溃者来对待，那么她就可能会因为我们的这种做法而开始感到焦虑。她或许永远也不会像你们的儿子那样热衷于派对，但我几乎肯定她能够学会更好地适应新情况。"

在结束第一次见面时，我向托妮和亚当保证，几十年的研究告诉我们，儿童的性格确实会随着时间的推移而变得更加灵活[4]。从这项研究中，我们已经找到了帮助儿童提高适应力和茁壮成长的关键因素[5]：父母愿意与他们的先天特征合作，而不是对抗。

人多是非多

当亚当用最充满爱意和善意的方式表达他对阿林娜的真诚祝愿，希望她能交到"很多朋友"时，我欲言又止。尽管我知道这是许多父母对女儿的希望，但是经验告诉我，并且研究也证实了——最快乐的女孩是那种只有一两个密友的女孩[6]。有一两个可靠的朋友可以让女孩的社交生活变得容易预测，从而减轻压力。那些有真正的密友或是朋友圈很小的女孩知道自己周末将和谁在一起，而在生活遇到挫折时，她们也知道该向谁求助。

如果你的女儿有一个尽管很小但却让她惬意知足的社交圈，那你就不要花费任何精力去敦促她当一名社交达人。事实上，你应该不遗余力地让她知道，她做得很对。活动圈子很小的女孩有时会担心自己不够酷或是过于边缘化。她们可能会羡慕朋友圈比较大的同学，并希望自己也能那么"受欢迎"。没错，"受欢迎"听起来确实像是一件好事，尤其是在中学阶段，这时候女孩们会寻求归属感，并且花很多时间担心自己是否与他人相处融洽以及要与谁相处融洽。

但是问题来了——人多是非也多。

社交混乱几乎总是出现在包括四五个或更多女孩的群体中。这背后的原因并非是女孩们卑鄙、刻薄或喜欢排斥异己（尽管她们有时会以所有这些方式行事）。道理其实很简单，那就是在任何年龄段，我们都不可能找到5个或5个以上彼此喜欢程度相等的人。然而，10～12岁的少年人，尽管社交技能尚未成熟，却会尝试去这样做。

大型友谊群体中的女孩成员会遭遇各种可预测的压力。小型友谊群体通常是由彼此精心选择的女孩组成的，可是，当数量很多的女孩聚集在一起时，她们总是得做出妥协，而这些妥协通常会造成很大的社交压力。也许这个群体中有两三个女孩非常喜欢待在一起，并不总是想把所有人都包括在她们的计划中。如果她们决定邀请所有人，她们会对此感到不高兴；而如果她们不打算邀请所有人，她们就必须面对把某些女孩排除在外的后果。又或者这个群体中有两个女孩水火不相容，这种情况时有发生，这意味着群体中的其他女孩总是被迫充当她们的调解人或心腹，或是在冲突中选择一方。

研究始终表明，当涉及考虑别人的感受时，女孩们特别容易感同身受，这可能让事态好转也可能让事情变得更糟。研究发现，[7]女孩比男孩更有同情心，造成这一差异的原因是我们对女儿和儿子进行社会化教育的方式不同，而非某种先天性的生理因素。女孩从小就一直比男孩接受更多的"想想别人会有什么感觉"

的教导，这就意味着，如果你女儿的朋友正在社交困境中煎熬，那么你的女儿也会感到一些痛苦。

这一切都说明，即使在最好的情况下，在我们女儿的普通社交互动中也会出现程度令人讶异的压力和焦虑。小群体中的女孩有时会担心，如果自己跟为数不多的几个朋友意见不合，最终就会没有任何朋友。较大的群体中的女孩则经常要应对接踵而至的是是非非。就算你女儿今天过得很顺利，她也可能被一位过得不顺利的朋友弄得心烦意乱。

不管你女儿的社交圈有多大，你都可以帮助她处理好她与同伴关系中不可避免的高潮和低谷。善于处理社交摩擦的女孩更倾向于享受和朋友们在一起的时间，而不是反复咀嚼最近发生的毫无必要的社交混乱。正如我们所知，女儿们会在我们这里寻找线索，以便知道当事情变得糟糕时，她们应该产生多大烦恼。所以，为了最大限度地提供帮助，我们需要接受这样一个事实，即女孩之间相处困难是正常的。如果一出现社交问题我们就大惊小怪，那么我们的女儿也会对此惊恐不已。一旦我们认识到人际纠纷是生活中的客观事实，我们就可以采取务实的态度，帮助我们的女儿学会如何有效地应对它。

关于健康冲突的入门知识

女孩们作为一个群体，并不善于处理冲突，因为人类作为一个群体，本身就不善于处理冲突。我们无法教女儿我们自己也不会的东西。虽然在过去我曾宣布过，我确信我们永远也找不到治愈初一女孩的方法，而且我有时对帮助女孩（以及成年人）提高有效处理分歧的能力感到悲观，但最近我改变了自己的看法。

尽管冲突不可避免，但是不当的处理方式却是可以避免的。一旦我们认清，只要让超过一个有意识的人待在同一个房间里，那么他们最终必然会起摩擦，我们就可以把精力转向去理解人际纠纷的来龙去脉。有一些处理冲突的方法比其他方法更为可取。一旦我们认识到冲突管理有三种常见的不健康形式和一种常见的健康形式，那么这一错综复杂且模糊不清的话题就变得简单多了。

三种不健康的冲突形式是非常容易辨别的，[8] 它们分别是：充当推土机，充当擦鞋垫，或是充当带尖刺的擦鞋垫。推土机会通过碾压他人的方式来处理分歧，擦鞋垫会允许自己被碾压，而带尖刺的擦鞋垫则会采取被动攻击型策略，比如把罪恶感作为武器，扮演受害者的角色，或是把第三方拉进本应是一对一的争执中。女孩们往往有一整套繁复的、扮演带尖刺的擦鞋垫的技能，这是因为我们并不总会帮助我们的女儿们学会识别、接受并直接表达她们的愤怒感。鉴于此，她们的黑暗冲动常常会以间接方式表达出来也就不足为奇了。

关于健康的冲突形式，其引导性隐喻是一根支柱。它自立而不伤害其他任何人。然而，当冲突来临时，要成为一根支柱是非常困难的。对于我们大多数人而言，这肯定不会是我们的第一反应。幸运的是，如果我们能够意识到并觉察到我们的第一反应是充当推土机、擦鞋垫或带尖刺的擦鞋垫，并且不让自己基于它采取行动，那么作为第二反应，我们通常要去思考如何让自己成为一根支柱。

一个星期一的早晨，在劳蕾尔学校，初二学生丽兹在走廊里叫住我，问我当天晚些时候有没有时间跟她碰个面。我们发现在她上自修课时我是有空的，于是我们约好当天下午早些时候在我的办公室见面。

"怎么了？"等丽兹在我对面的椅子上坐下来，我问道。尽管劳蕾尔学校有校服，但是每一个女孩都会想办法在校服上弄点儿自己的个人印记。那天，丽兹穿着运动衫、运动袜和跑鞋——在运动员学生中这是常见的打扮。

丽兹拿起我放在我的"哈利·波特办公室"里的一个减压玩具，说道："我所在的俱乐部排球队里的一个女孩搞出一件奇怪的事情，我很想听听你的建议。"

"好的。"我说。

"我认识她很久了，我和她是朋友，不是特别好，但也足够好了。她没上劳蕾尔学校，但她认识这里的很多女孩，而且我们周末也会和一些共同的朋友出去玩。"

她接着说道："去年我参加了她的生日派对。几周前，她在排球队训练时走过来告诉我，她妈妈说她今年不能举办派对，因为他们家有太多其他事情要处理。这本来没什么，我也一直没认真去想什么，但是星期六晚上她在网上发了很多照片，那些明显是在她的生日派对上拍的。"此刻丽兹听上去非常烦恼，她补充说："她没必要邀请我……这我也懂……我只是不明白她为什么要特意来告诉我她没打算举办派对。"

"是的。"我说,"我明白你为什么不开心了。"

"我不知道该怎么做,因为我今晚会在训练时看到她,这感觉太难受了。"

我对丽兹的不安表示同情,我告诉她,她陷入这种境况,让我感到很难过。考虑到她所面临的棘手的社交局面,我向她解释了人们处理冲突的常见方式——三个坏的,一个好的。

"很显然,"我说,"你我会努力想出一个支柱式反应,但有时你不妨先排除掉一些其他选项。"然后,我用轻松愉快的语气问:"如果你要碾压她,那会是什么局面?"

"其实我想过要这么做。我很想在训练时走到她跟前,当着她的面说些难听的话。"

"当然。你受到了伤害,很生气,所以你想让她吃点苦头,这完全说得过去。那么,如果你决定充当擦鞋垫,又会是什么局面?"

现在,丽兹产生了自嘲的想法,她回答道:"我想我会默默地走来走去,为这件事情感到难过,然后哭着入睡什么的。"

"好的。那么你又会如何充当带尖刺的擦鞋垫呢?"我问,很享受这种交流。

"那样的话,办法可太多了,"她说,已经完全投入到我们的游戏中了,"我都不知道该从哪里开始!"

"试试看。"

"嗯,我想我可以向我在排球队或劳蕾尔学校的朋友说她的坏话,也可以邀请一群女孩过来玩,把我们玩得很开心的照片发到网上,然后向她发送提示,这样她就能看到了。我还可以'暗戳戳'地'怼'她。"

"那是什么意思？"

"就是在 Twitter 上说某人的坏话时不提她的名字，但是所有人都知道你在说谁。我可以在 Twitter 上这样写：'当你发现某个你以为对你很诚实的朋友其实并非如此，岂不是糟透了？'"

我"哎哟"了一声。停顿片刻后，我又补充道："必须承认，社交媒体上可能聚集了一大批带尖刺的擦鞋垫。"

丽兹迅速点头表示完全同意，同时拖长语调热切地说："哦，是的。"

"要想让很多人卷入冲突中，可能没有比这更简单的办法了，而且它还提供了上百万种间接追打某人的办法。"

"当然。"丽兹表示同意，现在她在椅子上向前倾着身子。

"好吧，既然我们现在已经摆脱了那些恶劣的冲动，接下来你该如何成为支柱呢？你如何才能既捍卫自己，又对她保持尊重呢？"

丽兹说道："我想我可以在训练时对她说点什么，比如'我看到你开了个派对'。"然后她用平和的语气继续说："'这很好，但你没必要告诉我你不打算举办派对。'"

"非常好！不过你是不是可以再少说一些呢？有时，成为支柱意味着开启一段对话，而不是试着结束一段对话。"

"我想我可以仅仅说：'我看到了你的派对照片，我感觉我有点儿受伤。'"

"是的……我认为这样说或许是个好的开始。因为如果发生了什么预料之外的事情呢？也许她妈妈决定给她举办一个惊喜派对,却不知道应该邀请哪些人。如果她欠你一个道歉的话,把你的感受告诉她,也可以给她一个向你道歉的机会。"

"没错,"丽兹很理智地说,"其实我并不知道全部情况。"

"提出问题也是成为支柱的好办法之一。也许你可以这样说:'我看到你最后还是举办了派对。我是不是做了什么有损我们之间关系的事?'"

"对,我可以这么说。这很好。"

现在是结束谈心的时候了。在丽兹离开前,我特意告诉她,我并不指望从现在起,每当她感到受伤或心烦意乱时,都能迅速而轻松地作出支柱式反应。事实上,我告诉她,当我感到恼火的时候,我的第一个冲动仍然是当一个带尖刺的擦鞋垫。对于这一关于我本人的令人不快的事实,我采取听天由命的态度。我有时甚至会沉迷于白日梦中,想象当我生气时我会很乐意做的那些被动攻击型事情。然而,在实际行动中,我确实会努力成为一根支柱。

考虑到女孩们的人际交往中不可避免会产生压力,我们需要尽自己的一份力量来帮助女儿们缓解所感受到的一些社交压力。首先,我们不妨承认在人与人的接触中冲突在所难免,从而帮助女儿们认识到与同龄人的冲突是不可避免的。此外,我们也要认识到,作为人类,我们的女儿(以及其他人的女儿)有时会感到不得不当一回推土机、擦鞋垫或是带尖刺的擦鞋垫。这样,当同龄人的冲突真的发生时,我们就可以与我们的女儿进行实事求是的谈话,讨论在处理冲突时,哪些方法比较好,哪些方法比较糟糕。

在一定程度上，我们的女儿会告诉我们网上正在发生的社交混乱，这是常有的事，对此我们应该和她们谈一谈为什么在网上我们基本上是不可能成为支柱的，这是因为支柱交流非常依赖语气。事实上，如果你仔细想想的话，同样的一句话——"我们能聊聊为什么你没有邀请我参加你的派对吗？"——可能被理解为咄咄逼人的（推土机）、忧伤的（擦鞋垫）、嘲弄的（带尖刺的擦鞋垫）或尊重对方的（支柱），这完全取决于说话者的语气。世界上所有的表情包都无法传达人类声音的微妙之处。当你的女儿需要作出支柱式反应时，你要帮助她意识到，要做到这一点几乎肯定需要进行面对面的交流。

在我们帮助女儿们处理同龄人之间的冲突时，我们可以提醒她们，没有人总能在第一次尝试时就做对，也没有人天天都能做对。然而她们可以通过实践学会用自己感觉良好的方式来处理人际纠纷，并使用各种策略去平息而不是煽动社交生活中的是是非非。

挑选参加哪些战斗的自由

一周后，丽兹回到了我的办公室。这么快就又见到她，让我感到很惊讶，因为她先前很快就完全接受了我关于如何进行健康冲突的建议。

"那么……事情怎么样了？"

"说实话，"她说，"进展不太顺利。我在训练时看到那个女孩，我能看出有点儿不对劲。她在热身时避开我，在训练时也不肯直视我。"

"你觉得这是怎么回事？"

"我想她因为没邀请我参加派对而感觉很糟糕，但她也不想为此道歉。"

"你跟她说什么了吗？"

"没有，我觉得我不该去说什么。然而现在我觉得在这整桩事情中我完全就是块擦鞋垫，这种感觉也不对劲。"

我能理解丽兹的意思，考虑到我们先前的谈话，我也能理解她是如何得出这个结论的。不过，我还是有个想法。

"你知道，"我说，"关于如何处理这个问题，你还有一个选择。"丽兹的脸上同时流露出好奇和怀疑的表情。"你可以尝试一下情感合气道。"我补充道。

现在她的表情完全转变为怀疑了。

"我知道，成年人总是鼓励女孩们挺身而出，捍卫自己——这是一种非常重要的能力。我也能看出我们上周的谈话给你造成了一种印象，即不对你的队友作出回应会让你成为一块擦鞋垫。"丽兹扬起眉毛点点头。"但是还有一个选项叫做'战略回避'。"我说。

丽兹什么也没说，但却期待地看着我，我认为这代表她允许我继续说下去。

"我的意思是，在某些形式的战斗中，如拳击或摔跤，人们通过击打或推搡对手来作战。而在另一些形式的战斗中，比如合气道，如果有人向你进攻，你要做的第一件事情是躲闪，这一方面能让你摆脱危险，一方面也可能让对手失去平衡[9]。"

丽兹仍在倾听，但值得称赞的是，她丝毫没有掩饰她觉得我的比喻很可笑这一事实。

"耐心点儿,"我说道,"我知道这听起来很奇怪,但我希望你这样想:如果你认定不值得花时间去掺和到某些愚蠢的是非中,这其实反而会让你占上风。"

丽兹的怀疑态度稍微缓和了一些。

接着,我们讨论了这样一个事实:她可以自己判断对于没被邀请参加派对一事她有多么介意,以及她想花费多少精力去修复或改善与那名队友的关系,毕竟,她俩从来都不是很要好的朋友。我告诉丽兹,如果她决定不就此做出公开表态,我当然会支持她的。

丽兹似乎松了一口气,因为她不必公开对抗那名队友了。通过进一步交谈,我们取得共识,即她应该在训练中保持谨慎和礼貌,而且她得抵挡住充当带尖刺的擦鞋垫的诱惑,不在其他人跟前说这名队友的坏话。我告诉丽兹,如果她仍然和那个女孩相处不愉快的话,她还可以回到我这里来。届时,如果她真想采取什么措施的话,她可以自行做出决定。与此同时,她可以选择避开看似徒劳的较量,以节省精力。丽兹虽然同意了这个计划,但仍然心怀顾虑。

"你确定这么做不是在任由她欺负我?"

"如果你因为她没邀请你去参加她的派对而躲在角落里哭泣,或是竭力讨好她,指望她下次会邀请你,那才叫做任由她欺负你。"

丽兹表示认同。

"在这件事情上,"我补充说,"你要慎重考虑这种情况值得你给予多少关注。你没必要忽视或忘记她的所作所为,你可以保留这些行为信息,但眼下你要做的是,不让这个女孩继续占用你更多的时间。她向你抛出一道难题并不意味着你必须接招[10]。"

过去,在我为女孩们做咨询时,我倾向于机械地鼓励她们在受到轻视时挺身捍卫自己,在遭遇任何程度的欺凌时都要进行反击。之所以采取这一指导思想,是因为我有意识地致力于帮助他人的女儿以及我自己的女儿成长为强大的年轻女性,让她们不会容忍任何人的废话。然而,我逐渐意识到,我们向女孩们提供的建议并没有反映出有能力的成年女性通常是如何处理人际冲突的。有能力的成年女性会挑选要参加的战斗。她们会判断何时对抗以及与谁对抗是值得的。而且她们经常用点头和假笑来打发琐碎或毫无意义的争论,因为她们的时间得用来做更值得做的事情。

事实上,对抗,即使做得很好,在心理上也是很累人的。而且,一些社交问题也的确会因为被忽视而自行消失。当然,有时候我们的女儿也应该勇敢面对某人的挑战,这时,我们就得帮助她们成为支柱;在尊重他人权利的同时有效维护自己的权利,这样做是最有可能成功解决冲突的。尽管如此,我们的女儿们也应该知道,有时公开维护自己只是一个可选项,而非必选项。事实上,当我们告诉女孩们必须迎战每一次不公正或被冷落的待遇时,我们无意中也增加了她们的压力。隐忍不发并不等于投降。成年人都知道有时候谨慎即勇敢,我们也应该让我们的女儿们知道这一点。

日夜不停的同龄人压力

现在，数字技术的发展使我们的女儿们可以在多个层面上展开社交生活，并且，正如我们所知道的，她们在现实和网络空间都会遭遇冲突。然而即使女孩们在网上相处融洽，她们也可能发现自己的社交媒体活动会给她们带来情感伤害。

几乎可以肯定的是，在数字时代长大能够从一定程度上解释我们在当今青少年身上看到的压力和焦虑水平急剧上升的现象。虽然现有的证据并不支持被夸大的说法，即智能手机正在把我们的孩子变成心理发育不良的电子屏幕僵尸[11]，但是无处不在的技术产品无疑已经改变了我们的生活方式。并不是所有这些变化都是朝着好的方向发展，成年人仍然未能适应在一个完全网络化的世界里抚养孩子所带来的一切。

作为父母，我们越了解数字环境如何影响女儿的人际生活，就越有能力帮助她们缓解一些由上网带来的紧张情绪。专家指出，青少年并不是被技术产品迷住了，而是被他们所使用的技术产品另一端的同龄人迷住了。事实上，青少年总是对朋友很着迷[12]。几十年前我们与同龄人建立联系的渴望完全不亚于今天的孩子们与同龄人建立联系的渴望。

读到这里，你可能会想："行，好吧。然而我们可不像今天的青少年。他们的手机就像是长在手上一样，他们生怕错过哪怕是最无聊的同龄人交流。我们可从来没有像那样沉迷于对方过。"

实际上，我们跟他们没两样。要想回忆起我们自己当年是如何沉迷于与同龄人交往的，我们就得回忆我们是如何利用我们那个时代的通信技术的。比如说，我就可以轻松回忆起当我把家里的座机听筒贴在耳边几个小时后，耳朵会产生一种又热又湿，甚至是轻微疼痛的感觉。我甚至记得，在大多数晚上，我的耳朵最后会变得很不舒服，以至于我不得不打断电话那一头的朋友说："等等……等一下……我得把听筒换到另一侧去。"而她则会回答说："好的。我也是。"

你还记得呼叫等待功能是什么时候推出的吗？它改变了一切。在呼叫等待功能出现前，每天晚上，我妈妈会在我打电话中途打断我说："你得把电话挂了。万一有人想联系我们呢？"而我则会尽量拖延，最终挂断电话，然后，在与朋友完全断了联系的情况下，闷闷不乐地埋头做作业。随着呼叫等待功能的到来，我成了我们家的志愿接线员，整个晚上都霸占着电话，前提是承诺当（并且只有当）我父母接到电话或是想打电话时，我会交出电话。

其实我们真的和自己的孩子没什么不同，只不过我们当年拥有的技术产品比较蹩脚罢了。

一旦我们认识到年轻人渴望始终与彼此保持联系的强烈愿望并没有什么新鲜或奇怪之处，我们就会想起另外一件事：与同龄人保持联系可能会带来巨大压力。虽然我很喜欢和朋友们通电话，但这个过程中经常会出现很多是是非非。

尽管我们当初的技术条件有限，但我们还是找到了各种办法去一边编写，一边追踪我们自己的青少年肥皂剧的最新剧集。我们会聚在一起倾听彼此的对话，狂热地保持联系——结束一个电话，以便拨打另一个电话，然后再回过去给第一个（第二个或第三个）人打电话，或是使用呼叫等待功能同时在两个对话之间来回切换。当我母亲最终把电话夺走，从而结束了我当晚的通话后（甚至是在我们已经拥有呼叫等待功能后——这么做很理智），我敢肯定，嘴巴上表示埋怨的我暗地里还是有一丝如释重负的感觉。

女孩之间的关系一直都是充满情感张力的。今天，前所未有的连接能力只会让她们之间的互动变得比以往任何时候都更为复杂、更消耗精力、更充满压力。过去，我们能在与朋友的互动过程中获得我们迫切需要的休息，这仅仅是因为我们别无选择。现在，我们需要帮助我们的女儿在社交生活中按下暂停按钮——让她们有意识地进行区分，以便她们也能够获得她们迫切需要的休息。

要做到这一点可能相当简单，但你不应该根据你女儿的乐意接受程度来衡量你的方法是否成功。限制年轻人接触技术产品很少是一个受欢迎的决定，但是，做不受欢迎的决定无疑是为人父母的一个重要职责。

你可以通过让全家人都遵守规则的办法来减少孩子对任何规则的抵触心理。许多父母（也包括我自己）就和他们的青少年孩子一样沉溺于技术产品，通过对自己设置一些使用限制，他们也可以从中获益。如果我们清楚地表明我们并不是那么反对技术产品，只是我们对其他东西更为赞成，那么对数字媒体的使用时间做出限制也会变得更加容易。你女儿生活中的以下方面是需要你积极保护以免遭受技术产品扰乱的：享受与家人面对面的交谈，有不受干扰的时间段专注于家庭作业，积极锻炼身体，追求业余爱好，在户外玩耍以及能很快入睡并一觉睡到天亮。毋庸讳言，以数字为媒介的社交互动对上述所有项目都构成了威胁。

你应该让你的女儿参与决定用何种方式执行你制定的任何规则。有些规则相对简单，比如设定这样的要求：永远不可以将手机带到餐桌上；她的技术设备必须在每晚某个时间点之前关闭；她得从事一些有意义的、需要她短暂脱离社交媒体的活动。另一些规则的制定和执行则会比较棘手。青少年经常使用数字技术设备来一同做作业，这时候每个人都待在自己的家里。因此，你需要和你的女儿谈谈，当她和朋友们一起在网上做作业时，她如何判断这究竟是通过帮助她完成作业减轻了她的压力，还是反而增加了她的压力。

不要低估你的青少年孩子想出聪明解决方案的能力。很多女孩发现，当她们使用"勿扰"设置来关闭消息提醒并使用网站屏蔽软件来关闭自己最喜爱的社交媒体网站的提示音时，她们完成家庭作业的效率会更高。我的一位在女子学校工作的同事发现了一种特别有创意的方法，几名高三学生在期末考试期间禁止自己使用社交媒体。她们把自己的密码交给朋友们，[13]然后授权朋友们更改自己的密码，等考试结束后再将密码重新设置回来。

即便如此，当社交媒体给女孩们带来更多的是压力而不是快乐，或者让女孩们做出糟糕的决策时，我们就不能总是指望女孩们自己去减少对社交媒体的使用。我特别敬佩那些注意到社交媒体给女儿带来非常严重压力的父母们，而且他们至少会在一段时间内减少女儿接触技术产品的机会，或是调整她的智能手机，让它当上几天"笨蛋手机"[一]。我认识的所有做过这些事的父母们都告诉了我相同的故事。起初，他们遭到女儿的强烈反对，女儿完全不愿意减少对社交媒体的使用。然而没过多久，他们的女儿就显得比此前很长一段时间放松多了，又恢复了最初的快乐模样。

数字联结不仅能够劫持我们女儿醒着的时间，它还会影响她们的夜晚。要想保护一个女孩获得所需睡眠的能力，通常意味着她必须重新调整在晚上使用社交媒体的方式。

睡眠与社交媒体

我们的女儿们很少能得到足够的睡眠，这很可能是对女孩们焦虑水平高的最简单而又最有力的解释之一。睡眠是防止人们崩溃的粘合剂。到了青春期，[14]女孩们的睡眠时间往往少于男孩。随着发育期的到来，所有青少年都会经历一种被称为"睡眠周期延迟"的自然现象[15]，这使他们更容易在晚上推迟入睡时间，在早上则醒得更迟。这一生理曲线解释了为什么你7岁的孩子会在上学前好几个小时醒来，而你13岁的孩子则很难及时起床赶上校车。[16]女孩平均在12岁左右进入发育期（男孩则为14岁）。不幸的是，这意味着到了初中，我们的女儿们往往难以在晚上10点或11点以前入睡。随着上课时间的提前，[17]女孩们不可能得到青少年实际上需要的9小时睡眠时间——你没看错，正是9小时！

在睡眠不足和焦虑的联系背后并不存在高深复杂的科学。当

[一] 与"智能手机"形成对比，只提供通话、发短信功能的手机。——译者注

我们有足够的睡眠时,我们可以处理生活中的大部分事情;当我们睡眠不足时,我们就会变得疲惫而脆弱[18]。一个小事件,比如把一本要用的课本忘在学校了,对一个休息得很好的高二学生而言只是令人心烦而已,但是对一个筋疲力尽的青少年而言,则可能引发全面恐慌。

女孩们往往会认为,她们可以用咖啡因和意志力来取代睡眠。然而,如果有哪个女孩前往诊所抱怨自己太过焦虑,所有习惯于和青少年打交道的临床医生首先都会问一个问题:你每晚睡几个小时?如果答案是该女孩的睡眠时间通常少于七八个小时,那么,在她的睡眠不足问题得到解决之前,她的焦虑症状就无法得到评估,更不用说得到治疗了。这无异于一个在室内穿着三件派克大衣的人在抱怨说感到很热,先通过提供一杯凉水来解决他的问题是毫无意义的做法。当一个筋疲力尽的女孩说她感到自己很脆弱时,教她呼吸技巧是无济于事的。

有很多事情会让女孩们晚上无法早早上床睡觉。很多女孩放学后要忙很多事情,甚至可能要到深夜才能埋头做功课。然而在很多情况下,即使她最终躺到了床上,她也无法入睡。在这种时候,罪魁祸首通常是社交媒体。

女孩们的在线社交活动会以多种方式让她们无法入睡。如今大多数人都知道,[19]电子屏幕发出的光会抑制褪黑素,而褪黑素是一种自然产生的睡眠激素,会在夜晚降临时上升。出于这个原因,任何人在与技术产品进行了一段时间的互动后,都很难立即入睡。许多女孩使用数字应用程序来调节电子屏幕发出的光线,以减弱其抑制褪黑素的效果,这么做很有帮助,但是光线只是问题的一部分。

我经常听到女孩们说，是她们在社交媒体网站上看到的内容让她们夜不能寐。想象一下，一个女孩在成功地避开了网络社交的同时努力完成家庭作业。我们不难想象，她会在临睡前想通过了解在线朋友的情况来放松一下。正如深夜收到一封来自上司的令人不安的邮件会让任何一个成年人整夜盯着天花板无法入眠一样，如果一个女孩在快速浏览社交媒体时，发现一个令她深恶痛绝的同学正在和一个她很喜欢的男孩约会，那么她也可能一连好几个小时都睡不着。

我们所有人，尤其是那些正在与睡眠周期延迟作斗争的青少年，都需要保护自己入睡和保持睡眠状态的能力。这通常要求我们把入睡视为终于到达一个斜坡的尽头，然后在昏昏欲睡的状态中顺利进入睡眠，而不是把它视为一个可以任由我们拨动的开关。要想入睡，人类的确需要时间来放松身心两个方面。为此，我们的女儿们应该找到一些不涉及社交媒体的放松方式，比如读书或是观看自己喜欢的节目，在她们打算入睡前至少进行30分钟。此外，在青少年的卧室里，技术产品很少能带来什么好处，尤其是在夜间。研究表明，即使是在一个青少年睡着之后，她也可能整个晚上不断被朋友发来的短信吵醒[20]，而这种情况并不罕见。

在睡前时间段把你的女儿和社交媒体隔离开来具有双重好处。这不仅可以迫使她从与同龄人那令人身心俱疲的频繁交流中暂时解脱出来，而且也能帮助她获得更多她所需要的缓解焦虑的睡眠。事实上，最近一项对青少年长期跟踪调查的研究发现,[21] 夜间能接触到手机会削弱睡眠能力,进而导致自尊和应对日常挑战能力的下降。总之,睡眠不足会导致情感脆弱,并增加我们的女儿整天感到紧张焦虑的可能性。

社会比较的高昂代价

青少年都喜欢拿自己和别人进行比较。我们年轻时就是这么做的,如今我们的孩子们也在这么做。然而,有了无处不在的社交媒体,今天的青少年可能会根据同龄人精心打造的自我形象来衡量自己,并且没日没夜地这么做。对你的女儿来说,这么做几乎是不可能有好结果的。为什么?因为她是将她所了解的自己——一个完整、复杂,且不完美的自己——与同龄人精心打造、精雕细琢、毫无深度的网上帖子进行比照。这就好比将一个有人居住的家与家具展厅进行对比。如果以外观为准绳,那么家具展厅每次都必将胜出。而社交媒体,就其本身的设计而言,追求的无非是外表罢了。

当女孩们(有时也可能是成年人)忘记这一点时,她们会花很多时间去审视别人的帖子,同时感到自己很差劲。不足为奇的是,研究证实,[22] 在社交媒体上看到同龄人貌似更快乐、更漂亮或者更有人缘的形象会损害一个女孩的自尊。研究还告诉我们,女孩比男孩更容易受到网上社会比较的消极影响[23],这也许是因为美国文化教导她们要优先考虑自己的生理外表。我们无法一直去遏制女孩们参照彼此进行自我评价的正常倾向,但我们可以向她们提供一些有助于减轻压力的视角去看待她们的网上世界。

第三章　女孩和女孩在一起

最近，在我去买咖啡时发生了一件事，让我想起了青少年的社会比较行为在社交媒体上的表现是多么复杂。当我站到本地咖啡店的长队尽头开始排队时，我的一个好朋友肖娜从最前面已经快排到的位置溜出来，站到我身后。我们热情地打过招呼后，她说："真巧，我居然会遇见你。昨晚我差点就给你打电话了，但后来想想我要说的事情似乎并没有大到需要打电话的地步。我可以现在跟你说吗？"

"当然，"我回答道。这是真心话。当我和朋友们在一起时，我通常不会以专业人士自居，可如果他们想征求我的意见，我会很乐意尽力帮助他们。

"丹妮尔，"她压低声音开始说——她说的是她13岁的女儿，我很熟悉，"昨晚她的情绪糟透了。"她停下来整理了一下思绪，然后继续说："她在学校里有一群很好的朋友，但她想加入一个更受欢迎的女孩群。昨晚我们听到她在房间里哭。一开始她不肯说发生了什么事，但接下来她就把整件事和盘托出。丹妮尔给我看了一张她发在网上的照片——是她在房间里的自拍照。她在照片上看起来真的很可爱。然而那个受欢迎女孩群中的一个女孩把她的照片截屏后以短信形式群发给几位班级同学，并在短信中说丹妮尔'太假了'。丹妮尔的一个朋友把短信转发给了丹妮尔，我认为这是一种真诚的友好行为，而丹妮尔当然是受到了沉重打击。"

肖娜进一步解释道："为了帮助我理解究竟发生了什么，丹妮尔向我展示她的自拍照得到了比较多的点赞和好评，超过了那个受欢迎女孩群中的一些成员所发布的自拍照。这整桩事情太古怪了，我都不知道说什么好。"我同情地摇摇头，告诉肖娜我以前也听过很多类似的故事。

"昨天晚上,"肖娜补充道,"丹妮尔说她太难过了,今天没法去上学。她今天早上感觉好多了,所以没发太多牢骚就上学去了。在她离开前,我给了她一个拥抱,但我不知道我还能做什么。"

"发生这种事情我很难过。"我说,"就短期而言,我想你可以指出,这个受欢迎的女孩所做的事情真的很刻薄,丹妮尔可能更适合与她那些社交地位比较低的真正的朋友在一起。"

"我说了,似乎有一点点效果。"

"从长远来看,我认为你应该和她进行一次更为严肃的对话,告诉她在社交媒体上其实并不存在'真'这回事。"

我们向外走去,享受在克利夫兰很罕见的天气——温和、阳光明媚的二月天。当我们在停车场上靠在我的车上喝咖啡时,我继续说:"女孩们对于她们在网上发布的东西以及观众的反应非常焦虑。青少年天生就爱操心别人是如何看待她们的,而我们的任务就是帮助她们从整桩事情中退后几步。"

"没错,"肖娜说,"但我真的很想把社交媒体彻底消灭掉——我讨厌它消耗了丹妮尔那么多精力。"

"我知道,但你不妨把这视为一个机会,让你可以和女儿进行一次无论如何都在所难免的谈话。"

肖娜点头让我继续说下去。

"我们得帮助女孩们不再对彼此做出有多'真实'或有多'名副其实'的评判,并帮助她们理解我们所有人,包括青少年和成年人,都是如何精心策划自己的网络形象,以便展示自己的独特形象的。"

"是的,没错。"肖娜说,"我知道我会利用Facebook来表现自己的幽默和风趣,我当然不会把自己的所有想法都说出来,有时候,如果我的帖子显得语气不佳,我还会去重新编辑它们。"

"是的,"我说,"每个人都会这么做,这不是什么问题。只有当青少年抱着一种疯狂的傻念头,认为二维像素空间可以准确地代表一个真实的人的全部时,它才成为一个问题。"

"对。可我该怎么跟丹妮尔说呢?"

"我想你可以把你刚才告诉我的事情告诉她:当你打算在网上分享什么内容时,你是带有一定意图的,对你而言,这个意图完全合理。每个人都是这么做的。"

如果我们提醒女孩们,社交媒体只是一个大型家具展厅,她们的感觉确实会好很多。社会学家吉尔·沃尔什(Jill Walsh)专门研究青少年是如何使用社交媒体的,用她的话来说,年轻人(当然也包括大多数成年人)会利用他们的帖子来展示"亮点集锦"[24]。他们拍了数百张照片,但只会发布其中最好的一张。他们筹谋和策划他们的网络形象是为了收获人们的点赞和好评,而不是让人们了解真实情况。

对青少年的上网方式提出批评是很容易的,但更接近事实的猜想或许是:如果社交媒体早在我们的青少年时期就存在,我们也会像我们的女儿那样使用它的。我们应该用支持来取代评判。也就是说,当青少年在仔细审视同龄人的亮点集锦并焦虑地设计自己的亮点集锦时,我们应该与她们进行谈话,旨在减少那种令她们紧张不安的自惭形秽感。

沃尔什博士指出，青少年利用社交媒体讲述自己的故事，我们可以帮助女儿们对这些叙事进行一些文学批评。她说："我们可以问十几岁的女孩们，'你觉得那张照片怎么样？'或者，'为什么要拍这张照片？'或者，'这是拍给谁看的？'然后开始讨论这张照片背后的隐秘意图[25]。"提出这些问题不太可能促使你的女儿放弃社交媒体，或是停止拿自己和别人做比较，因为这种目标本身就不现实。我们的目标其实很简单：提醒我们的女儿们，她们在网上看到的东西并不代表也无法代表她的同龄人那精彩而混乱的复杂性，正如她自己在网上发布的东西也不能代表她的全部一样。

习惯竞争

我们的女儿们同时在网上和网下进行竞争，就像丹妮尔评估自己的自拍照能收获多少点赞那样。不管是在哪个舞台上，女孩之间的同龄人竞争很快就会变得令人担忧，因为她们很难满足既跟女伴们融洽相处又要胜过其他女孩的愿望。毫不奇怪，这种看似毫无胜算的局面往往会成为一个巨大的压力来源。

两年前的一个星期一下午，我们当地的一位儿科医生也是我的老同事给我留了一封语音邮件说："我刚刚让一个叫凯蒂的高二学生去找你了。两周来她一直在抱怨胃痛，但我们已经排除了我们所能想到的一切可能性，我们很确定这是由精神压力引起的。她爸爸一两天后就会联系你进行预约。顺便说一句，你会喜欢凯蒂的。她非常棒。"

第三章 女孩和女孩在一起

凯蒂的爸爸很快就打电话来了，我敦促他尽快让女儿来我的诊所，因为她的胃病已经很严重，她已经一连好几天都早退了。当我在候诊室遇到凯蒂时，我立刻就明白了那位儿科医生说的是什么意思了。凯蒂用她的服饰宣告了她的创意和自信。在我们这个社区，绝大多数女孩的非正式制服是紧身牛仔裤和非常合身的上衣，而她却在一件老式A字裙下面穿着一条带有图案的紧身裤，那条裙子几乎肯定是从旧货商店淘来的珍品。

我们很快就进入正题。

"你爸爸在电话里告诉我，你在他能想到的各个方面都做得很好，但是你的胃病却很让你头疼。"

凯蒂就像已经认识我很久那样回答我说："我不知道这是怎么一回事。我本来一切顺利，但就在大约两周前，我突然开始胃痛，我的医生也找不到医学上的解释。"

"在胃痛刚开始出现时有没有发生什么让你感到压力的事情？"我问道，"当我们的身心受到压力时，我们的身体有时会崩溃，但每个人的身体会以不同的方式崩溃。当我超负荷工作时，我的眼睛就会发炎，而我并不总能意识到自己已经筋疲力尽了，直到有一只眼睛开始出现问题。"

凯蒂简短地思考了一下，然后说："好吧，两周前，我们的校报顾问宣布了申请明年编辑职位的截止日期，而我的申请过程并不顺利。"她停顿了一下，然后说："是的，说实话，我想这件事对我的困扰程度超过了我所愿意承认的。"

凯蒂告诉我，她从初三起就在校报工作，并决定日后从事新闻工作。学年结束时，高三学生被邀请申请来年的编辑职位，而凯蒂渴望成为校报的主编。虽然她上的是男女同校的学校，但报社的工作人员主要是女孩，其中有许多是凯蒂的密友。

她解释说："我们不喜欢相互竞争，所以我们决定自行确定适合每个岗位的人——主编、体育编辑、评论编辑和专题编辑。我想申请主编的职位，但不知为什么，我的朋友们挑中了玛蒂。我爱她，她会干得很好，但我也真的很想试试。现在我进退两难。我想要这份工作，但如果我申请并得到它，我的朋友们会生我的气。即使我不在乎我的朋友们，而我确实在乎她们，我也会在担任主编的这一年里过得很糟糕。"

"听起来就像，如果你这么做，你就完了；如果你不这么做，你也完了。"

"对极了！"她开玩笑说，"难怪连我的胃都要站出来抗议了。"

我们的女儿们在我们的鼓励下变得满怀雄心壮志，但她们却很难找到在社交上能被接受的与同龄人竞争的方式。参与激烈的竞争总是需要有一种健康的攻击性，一种超越他人的动力。然而女孩们并不总是知道该如何调和自己的竞争感和从小接受的友善教育。正如我们可以预测的那样，这让女孩们远比男孩们更担心与朋友们竞争会损害她们之间的友谊。她们经常发现自己在苦思冥想如何在不引起任何波澜的情况下制造出水花。

雄心勃勃的女孩们为了不让自己显得穷凶极恶而把自己拧成了麻花，她们为此采用的诸多手段如果一一列举出来，将既令人叹服，又让人震惊。当她们取得好成绩时，她们会掩盖或歪曲自己真实的用功程度。她们会假装对考试结果很失望，但事实上她们得到了很高的分数。她们还会为自己的成功请求宽恕,一位网球教练告诉我,他花了整整一个赛季的时间,恳求一位有天赋的球员不要每打出一个制胜球就道歉。或者,就像凯蒂和她的朋友们那样,她们会精心策划各种方案,试图完全避开竞争问题。

我们需要阐明,当一个富有攻击性的竞争者和当一个富有攻击性的人是不一样的,这样才可以帮助我们的女儿减少竞争时的压力感。当她们还小的时候,我们可以在和她们打比赛时模拟这种区别。尽管我们可能很想让女儿赢,但这样做没有好处,因为这是在暗示,出于某种原因,打败她就意味着不友善。我们不必太让着女儿(也不必因为战胜她们而高兴),我们可以争取赢得比赛,但与此同时,每当女儿做出漂亮的动作或得分时,我们要鼓励她、为她喝彩。如果我们的女儿因为输给我们而感到气馁,我们可以同情地说:"和一个大人打比赛很不容易。可一旦你赢了——这当然是迟早的事,你会知道你是真的打败了我。你会感觉很棒的,而我也会为你感到高兴。"

我们还可以列举许多优秀的职业女运动员,她们在比赛中是勇猛的竞争者,但在比赛结束后却是非常和蔼宽厚的人。当我和自己的女儿们一起观看奥运会游泳比赛(我的最爱)时,我经常会说:"看看这些女人吧。在游泳池里,她们猛得像鲨鱼,但在游泳池外,她们一个劲地为彼此喝彩。"我们可以告诉我们的女儿,当她们身在类似于游泳池里的场合中时,比如在考试、面试、表演和比赛中,她们应该全力以赴。然后我们也要提醒她们,一旦离开了游泳池,我们希望她们能支持同龄人,为同龄人喝彩,而不管游泳池里的胜负如何。

嫉妒是在所难免的

当一个女孩正在赢得比赛时，为她的竞争对手喝彩是很容易的，但是当事情进展不顺利时，这么做就难多了。考虑到我们的女儿们对她们的朋友们是多么忠诚，对她们来说，因为一个自己真正喜欢和关心的人取得成功而产生怨恨之情是极度痛苦的。为凯蒂做咨询让我明白了这一点。

在我们详细讨论那个迫使她向我求助的问题时，凯蒂意识到她可以提醒报社顾问正在发生的事情，那碰巧是一位她非常钦佩和信任的老师。

"她为人可靠，而且我知道她希望我们进行公平竞争。当然，她希望每个职位都能收到不止一份申请，所以我可以告诉她，除非她要求我们每个人至少申请两个职位，否则这种情况不可能发生。接下来将由她决定谁获得什么职位，而不是我们。"凯蒂看上去似乎松了一口气，然后又补充道，"那样的话会好很多。"

她的想法很好。我把我的电话号码给了凯蒂，告诉她可以随时告诉我事情的进展情况，如果她的胃痛没有消失的话，她可以再回来预约。

两周后，在凯蒂的要求和她父母的支持下，我们又见面了。她和报社顾问谈话的计划成功了，她同时申请了总编和评论编辑的工作。令凯蒂失望的是，她被任命为评论编辑。

"我的朋友崔西将担任主编，她会做得很好的。"她垂着眼帘说，"然而我真的很想得到这个职位……我觉得，我从初三就开始朝这个方向努力了。"

然后，凯蒂泪流满面地补充道："我可以当评论编辑。然而老实说……最让我难受的是我真的很嫉妒崔西。我们一直在一起玩，但现在和她待在一起让我感到很不舒服，因为我觉得我应该不介意这件事，但事实上我很介意。"

"听着，"我说，想减轻凯蒂的罪恶感，"竞争感并不总是理性的，我们没必要为此感到内疚。任何一个有抱负的人都会产生竞争感。"

凯蒂探究地看着我，我解释道："嫉妒你的朋友或是因为她得到了你想要的工作而生气都是没关系的。因为这些感觉并不能抵消你喜欢她、尊重她，甚至可能也为她感到高兴的事实。"

"是的。事实上，我确实为她感到高兴，我知道她对此非常激动。"

"这听来奇怪，但你对崔西的嫉妒和你为她高兴的感觉其实是可以共存的。只有当你基于嫉妒心采取了某种不友善的行动时，你才应该感到难过。"

"哦，不，我不会那么做的。"凯蒂急忙说。

我用力点头，以向她表明我认为她不会那么做。

"我们本身是很冷静的人，但我一直因为自己生她的气而生自己的气。"

"哦，"我说，"我希望你能摆脱这种纠结。进行自我评判的标准是你做了什么，而不是你的想法或感觉。因为如果你想做一个为实现目标而拼搏的人，"——我热情地笑着表示我赞许她的决心——"那么当事情进展不顺利时，你就会感觉很糟糕，或许还有些愤恨。不要为此苛责自己或是背上沉重的思想包袱。你只需向自己承认这一点，然后继续前进。"

当我们的女儿们对她们的亲密朋友产生嫉妒时，这会让她们很痛苦，但对于女孩们而言，觊觎时髦的衣服、超级棒的暑期计划，或是她们所认识的其他青少年的宽松家规，也都是很痛苦的。女儿们在与同龄人作比较时会产生心理压力，作为父母，我们经常因此而备受困扰，因为我们要么不能，要么不愿帮助她们与学校里的同龄人进行攀比。

即使我们拒绝在我们的价值观或家庭预算方面做出妥协，我们也可以通过承认女儿的嫉妒会让她感到无助来缓解她的不适。比如，我们可以说："想要别人拥有的好东西是很自然的。当我看到一辆豪车时就会产生这种感觉。然而，作为一个成年人，我更容易抵抗我的嫉妒心，因为一路走来，我已经决定了哪些东西才是我的优先考虑事项。目前，你被我们为你做的选择束缚住了，我知道这种感觉并不总是那么好。不过，不久之后你就会有更多的发言权。"

女孩们和她们的女性朋友之间的关系既美好又令人担忧，她们与男孩之间的关系也是如此。关于如何应对健康的冲突，我们教给女孩们许多道理，这些道理也可以延伸到她们的所有人际关系中。如果她们感到自己正在为了吸引某个男孩的注意力而互相竞争，那么我们提供的关于与其他女孩竞争的指导就会派上用场。然而这个并不是男孩给女孩增加压力和焦虑的唯一方式。所以，现在就让我们把注意力转向如何帮助我们的女儿们找到正确的方法，去应对与男孩交往的过程中会遇到的挑战。

Under Pressure

第四章

女孩和男孩在一起

除了能在劳蕾尔学校和女生们进行一对一的对话外,我还有幸参与她们的小组讨论,一起讨论她们面临的共同挑战。当学生们升入初三后,我们每周都会召开一次会议,讨论在向高中过渡的过程中产生的在社交、情感和智力方面的需求。这种例会让我认识了每个班的女孩,并为我们日后的见面会打下基础,从高二到毕业,这种见面会每两个月进行一次。

2017年秋天,我在11月第一次接待了一群高中的高年级女生。我从一年前就没再见过她们了,所以我很高兴能参与讨论。对于初三学生的见面会,我通常会安排一个议题,这样就可以确保涵盖从睡眠到药物滥用等关键性的健康和安全话题。然而当我和高一、高二或高三的学生在一起时,我的计划就没那么有条理了。我会带着一些关于我们可以讨论什么的想法去参加会议，并且总是问她们是否有什么特别的想法。

在 11 月下旬的那个早晨，65 个女孩聚集在劳蕾尔学校的一间比较大的教室里。那里没有足够多的座椅供每个人使用，但是和往常一样，很多学生很乐意有机会坐在地板上，双腿盘起来或是伸直。她们并没有一个共同的、紧迫的问题需要解决，所以我抛出了一个话题，这个话题在当时是许多成年人关注的焦点。当时"我也是（#MeToo）"运动占据了媒体的头版头条，并引发了一场对滥用权力实施性骚扰行为的大规模的、前所未有的公共审查。我认为，和劳蕾尔学校的女孩们聊聊性骚扰的本质，以及万一她们遇到性骚扰时该如何为自己辩护，这可能会有所帮助。

我问："你们想聊聊'我也是'运动吗？"

"想！"她们几乎是齐声回答。在接下来的 50 分钟里，她们开始滔滔不绝地讲述社交圈里的男孩和在公共场合里的陌生人已经对她们进行过的性侵犯行为，既详细又令人惊恐。我很吃惊。尽管我自认为对青少年女孩的了解颇多，而且我的职业生涯让我非常熟悉她们的日常经历，但我其实并不知道很多女孩经常遇到了什么。

我必须指出，那一天，我并没有和女孩们谈论她们与男孩间丰富多彩的友谊和爱情故事。女孩们也没有谈及和同龄男孩建立的积极联系，因为在这方面她们并不需要我的帮助。虽然我知道劳蕾尔学校的很多女孩在生活中确实会接触到男孩——他们要么是热忱而令人愉快的朋友，要么是忠诚而体贴的男朋友，但是我们的讨论却聚焦于那些让她们感到不安或害怕的与男孩们的互动。而本章，就像我和劳蕾尔学校女孩们的对话一样，将集中讨论男孩们有时会以何种方式给女孩们增加压力和焦虑感。

毫无疑问，男性经常也会让女孩们的生活变得更美好。事实上，对我们和我们的女儿们而言，能够欣赏男孩的优秀之处有助于阐明，出格之举是某些男人的主观选择，而不是女孩们以某种方式咎由自取的结果。

日常生活中的不尊重

一开始，女孩们只是在慢慢地说出自己的经历，但随着她们逐渐了解到彼此的遭遇，她们说得越来越快。首先，一个女孩主动说，她在校外认识的男生会随意使用侮辱性的言辞——"娼妇"（ho）和"荡妇"（slut）。

"这种男孩甚至连最偶然的事情也不放过！"另一个女孩插了进来（她压低自己的声音，模拟出一种嘲弄的语气），"比如你走路时绊了一跤，他们会说'你绊倒了——你真是个娼妇！'"

"如果你反击，他们就会表现得很不成熟。"第三个女孩生气地补充道，"他们会说你太可笑了，他们只是在开玩笑而已。我知道我们有时是会和他们开玩笑……"

"他们还会捏我们的屁股。"一个盘腿坐在地板上摆弄着手上戴着的戒指的女孩说。她的几个同学点头表示认同。

"什么？！"我回答，丝毫没有掩饰我的惊讶和不赞成。

"是的。"一个留着深色长发的女孩用实事求是的口吻插进来，"如果你们合影，他们就会认为把手放在你的屁股上完全没问题。"

"真的吗?"我说,"你们就不能制止他们吗?"

"你可以试着制止他们,"她回答说,"但他们通常会表现得像个混蛋,或者说你反应过度了。"

教室后面的一个学生举手告诉我,她确实和一个她在以前学校认识的人发生过争执。"当时我正和一群朋友在一起,这群人中的一个家伙走到我身后,隔着我的衬衫拉扯我的胸罩带子,他觉得这很有趣。我叫他住手,结果他气坏了。"她停顿了一下,然后补充道,"他把我从社交媒体上删除了,从此不再和我说话了。"

"哇噢!"我慢慢地说,然后从震惊转变为同情,问道,"你对失去这个朋友没什么不开心吧?"

"是的,没有,尤其是他会采取这种做法的话。"然后她带着一丝悲伤补充道,"然而说实话,我没想到他的反应会那么大。"

女孩们继续讲述她们的遭遇。她们说到她们认识一些男孩,每次打招呼都想附带一个拥抱,还有她们不认识的男人以一种既不受欢迎又充满威胁的执着态度跟在她们后面逛商场。她们一遍又一遍地描述男人们是如何对她们做出越界行为,以及他们是如何让她们感到自己似乎无权对这些侵犯行为做出反应的。

"有一次,当我和我的青年团队在市区进行社区服务时,"一个坐在课桌上来回摆动双腿的女孩说,"一些道路工人向我发出怪叫声,这真的把我吓坏了,所以,第二次当我们要离开做服务项目的地方时,我就问和我在一起的男孩们是否可以走另一条路。"然后她继续说道:"他们问我有什么问题,于是我就告诉他们了,结果他们说我是在犯傻。"

其实我是不应该对劳蕾尔学校的女孩们所分享的故事感到

如此惊讶的。尽管她们每天都生活在全是女生的环境中，但是关于她们在校外受到男孩和男人们骚扰的描述已经被来自全美各地的研究所证实。美国大学妇女联合会（American Association of University Women）的一份报告发现，[1]在所有初二到高二的女孩中，有近一半的人曾经在学校里被人以带有性意味的方式抚摸、捏、拧或故意碰触过。在同一项调查中，女孩们还报告说，学校里的男孩们会在她们的笔记本里画男性生殖器、评论她们的胸部、盯着她们的衣襟往下看，并散布关于她们性生活的谣言。

劳蕾尔学校的女孩们和调查数据揭示了两个问题：性骚扰在青少年中司空见惯；女孩们经常被弄得感到自己不应该对此有所抱怨。事实上，调查发现，把自己受到性骚扰的经历告诉他人的女孩们经常被告知，那种骚扰只是玩笑，没什么大不了的，或者她们应该选择忘记，或者至少不要再为此担心了。

我们的见面会还让第三个问题浮出水面，这个问题或许更为令人不安：许多女孩似乎对自己所遭受的骚扰感到羞耻，而且也不确定自己是否难辞其咎。尽管女孩们显然很想谈论自己的经历，但在我们的谈话中却有一股奇怪的暗流：女孩们不仅仅是在告诉我她们所遭受的一切，她们更像是在招认自己受到性骚扰的经历。在某种程度上，这些能力出众的年轻女性似乎在想，她们自己究竟做错了什么才会导致自己遭受欺侮。

我们已经快要下课了，而我除了倾听之外几乎没做什么。对女孩们而言，相互间公开谈论她们所经历的事情显然大有裨益，但是在下课前，我很想就一些女孩所怀有的那种莫名的却又显而易见的羞耻感发表我的观点。幸运的是，一个坐在教室前排的学生把罪责问题摆在了我们面前。

"然而，"她不好意思地说，"我们有时确实会把紧身裤当成外裤穿在外面。"

"是的。"我说，对她提供的话题心怀感激，"但是我们必须非常明确一点，当男孩或男人侮辱你的时候，有错的绝对不是你。男人们有时会做出不恰当的评论或举动，这与你的穿着，你的长相，你是在派对上、舞会上还是其他任何地方都没有任何关系。骚扰的本质，也是其唯一的本质就是，一个人试图通过让别人自惭形秽来让自己感觉很了不起。就是这么简单，我可以证明给你们看。"

接着，我就告诉她们我在几个月前的一次遭遇。当时我正在参加一个商务活动，穿着一身职业装，和一群我刚刚认识的男人交谈。谈话开始不久后，其中一个男人听说我写过一本关于青春期女孩的书，而当时他妻子的床头柜上就放着那本书。于是他毫不犹豫地用挑逗的口吻对我说："我敢打赌你游历过很多卧室。"

"哇噢！"女孩们对我的故事回应道，"那你是怎么做的？"

"当时我僵住了，这就是当有人越界时会出现的问题。在互动过程中急转弯的速度太快了，以至于你失去了平衡。"

"所以什么都没有发生？你只是没接他的话茬儿？"她们问道，显然对故事的发展方向感到失望。

"事实上，"我回答道，"参与谈话的其他男人马上把他叫了出去，对此我很感激。很显然，说出这句话的男人很快就后悔了，而我没有被逼到要被迫反击的地步。"分享完我的故事，我想到应该如何以一种有益的方式来结束我们这堂课。"在你们走之前，"我说，"让我们谈谈如果你们遇到性骚扰，你们能告诉谁，还有如果你们身边有行为不端的男孩子，你们怎样能做到互相支持？"

帮助女孩们应对骚扰

当我结束与劳蕾尔学校学生的见面会时，我清楚地意识到，成年人在承认青少年女孩们经常面临的骚扰方面做得远远不够，更不用说去解决这个问题了。此外，很明显，我们的女孩们需要有效的策略来应对粗俗、羞辱性的言辞以及她们厌恶的求爱行为。女孩们会因为受到骚扰而压力倍增，也会因为遭遇越界言行而觉得受到威胁。如果我们要帮助女孩们管理性侵犯行为所引发的紧张和焦虑，我们就需要创造条件，让她们能够公开谈论这种事情。

父母很容易低估女儿所遭受的猥亵程度，因为我们的女儿们往往不愿意把这些事情告诉我们。我越是反思在劳蕾尔学校女孩们的见面会上感觉到的羞耻暗流，我就越是意识到性骚扰实际上有多么残忍。别人如何看待我们会影响我们如何看待自己。这可能以好的方式发生，比如当一位受尊敬的朋友或同事打电话来征求我们的意见时，我们会积极发表意见，与接到电话前相比，我们自我感觉更聪明、更能干。然而这也可能以不好的方式发生，比如当一个朋友不愿向我们透露某些个人信息时，我们会质疑自己是否像曾经自认为的那样值得信任。

当一个少女（在这里也适用于成年女性）被以有辱人格的方

式对待时，她可能会因为发现至少有一个人认为自己出于某种原因应该受到这种待遇而进行自我贬低。一个十几岁女孩可能对自己保持一种自我贬低感，只因为她认为受到骚扰这件事情本身反映了她很糟糕。

我们的女儿们很可能也不愿意告诉我们她们和男孩间发生的冲突，因为她们担心我们会做出什么反应。她们认为我们听到这种消息会不高兴，而她们很可能并没有猜错。于是，一个女孩会担心，如果她告诉我们她所遭受的任何性侵犯行为，她反而会让自己陷入困境（比如，"你最初为什么要和那个男孩混在一起？"或者，"你确定你没有和他打情骂俏吗？"或者，"当时你穿的是什么衣服？"）。或者说，她可能担心我们的保护本能会促使我们以某种方式进行干预，而在她看来，这种方式只会让情况变得更糟。考虑到这种情况，我们就不应该坐等女儿自己提起性骚扰这个话题。

到了你女儿初一或更早的时候，你就可以考虑问问她，她学校里的男生表现如何，他们是否一贯尊重女生。如果她有故事要分享，关于她已经在遭遇或目睹的事情，你就要告诉她你是多么高兴她能把这一切告诉你，而且你随时准备帮助她采取措施，解决任何由某个男孩的行为给她造成的问题。如果她对你的问题感到惊讶或者保持沉默，那就告诉她你所听说过的关于男性对女孩做出越界之举的事情，并向她保证如果她在这个问题上寻求你的帮助，你绝对不会让她感到后悔。除此之外，你还可以补充一句："骚扰行为并不能说明受害者的任何情况，但却非常能说明骚扰者的人品。"我们越是把性侵犯行为从阴影中拖出来，就越能减少女孩因为被欺侮而产生的不必要的羞耻感。

当你展开这些对话时，要向你的女儿表明，你已经准备好和她谈一谈可能让她觉得暧昧不明的情况。如果她和某个人调情，然后这个人又把这种互动变得具有冒犯性呢？如果她穿着紧身裤去商场，然后听到有人评论她屁股的形状该怎么办？

有时，作为这些对话的一部分，我们所提供的指导应该是明确无误的。例如，我们可以提醒自己的女儿，一个人用粗鲁或肮脏的态度对待另一个人永远都是错误的。在其他时候，我们则可能会遇到棘手的问题。我的一个朋友在女儿长到13岁时对我说："我无法忍受男人们向她发出怪叫声，可我担心教她怎么穿衣服会让她觉得发生这种事情是她的错。我该怎么办？"

"我也不太确定，"我说，"但你不妨把你刚才对我说的话告诉你女儿，看看她认为你和她应该怎么做。"

如果你的女儿是女同性恋或双性恋，不要认为她就不会受到男孩的骚扰。研究表明，[2] 非异性恋女高中生受到的性骚扰程度至少和她们的异性恋同学一样高。研究还表明，在所有女孩中，受到性骚扰都与较高的心理压力水平和较低的自尊有关联[3]，而对于同性恋、双性恋或性取向不稳定的女孩们而言，[4] 这种情况更为明显。在初中或高中，作为一个性少数群体成员是很有挑战性的；几乎可以肯定的是，被迫面对有关性认同的骚扰会让本来就压力重重的局面变得更为艰难。更糟糕的是，女同性恋、双性恋或性取向不确定的学生可能觉得，由于她们是性嘲讽、性调侃、性谣言或更糟糕的情况的被动接受方，所以她们无法从同龄人或父母那里寻求帮助。

针对非异性恋女孩所遭受的较高性骚扰水平的研究给了我们两个关键提示。首先我们需要做出额外的努力去解决针对性少数群体学生的敌对行为。幸运的是，研究证实，[5]学校中的保护性氛围和家人的强人支持能够缓解针对非异性恋青少年的骚扰的有害影响。其次，这也提醒我们，当我们听说女孩和年轻女性受到性骚扰时，要抑制住任何指责受害者的冲动。每当女孩们抱怨男人们的行为时，她们经常会遇到关于她们发出何种信号的问题。非异性恋女孩经常受到骚扰这一事实突出表明，男孩们的不雅行为与女孩们在异性恋场所中的行为方式没有任何关系，它们只与男人的主观行动决定有关。

一旦我们能够公开讨论性骚扰问题了，我们就可以和女儿们讨论它有多可怕了。怪叫、偷窥和性评论并非是无害的。当男孩们越界时，女孩们完全有理由感到紧张。我们万万不能告诉女孩们，这些情况没什么大不了。当男孩和男人们对女孩们有越界言行时，女孩们的焦虑感属于健康的反应——这种不适感能提醒我们正在受到威胁，并告诉我们要提高警惕。

你可以对你女儿说："当一个男人有不恰当的言行时，这真的很可怕。即使情况不严重，在某种程度上，每个女孩或女人都会想，'既然他已经尝试做这个了，那他还会尝试做什么？'"男性通常拥有更多的文化影响力，而且几乎总是比女性拥有更强大的体力。因此，当一个男人表明他乐意试着滥用自己的力量时，大多数女孩和女性都会产生一种原始的恐惧反应。"即使一个男人只是让你心里感到发毛，"我们可以进一步补充，"我也希望你认真对待这种感觉，与他保持一定距离，或是去寻求某种帮助。"

第四章 女孩和男孩在一起

一旦讲清楚我们的女儿们在受到骚扰的情况下不应该为自己感到羞耻,而应该关注在受到有辱人格的对待时的不适感,我们就可以和她们谈谈,骚扰实际上是一种以性的形式表现出来的霸凌行为。霸凌者会利用社会或身体力量去恐吓和贬损他人,骚扰者则是对同一种动态机制进行了一种肮脏卑鄙的诠释——他们就是通过使用粗鄙的语言和令人厌恶的求爱方式来达到同样的目的。

女孩们通常很了解受到男孩霸凌的感觉,其程度大大超出了成年人的预料。文化上对刻薄女孩的关注使我们的注意力远离了一项确凿无疑的研究发现,[6] 即女孩受男孩霸凌的概率超过了受其他女孩霸凌的概率,部分原因是男孩既欺负男性同龄人,也欺负女性同龄人,而女孩则很少以男生为目标[7]。男孩不仅在使用身体和语言霸凌战术(如辱骂)方面超过女孩,一些研究也发现,男孩更喜欢实施关系霸凌(relational bullying,如散布谣言、孤立排斥)㊀和网络霸凌,但女孩却会因为使用这两种攻击形式而受到高到不成比例的指责[8]。对女孩因遭受霸凌和因遭受性骚扰而付出的心理代价的比较研究表明,两种形式的欺凌都会造成伤害,但是性骚扰甚至比霸凌行为更可能损害她们的学业成绩[9],让她们感到既得不到老师们的支持,又与学校群体格格不入。

多年来关于霸凌和骚扰行为的研究已经教会了我们一些应对策略。第一,正如前面已经指出的,我们需要确保被欺凌的年轻人不会因为感到羞耻而缄口不语以及不去寻求帮助。第二,我

㊀ 又称间接欺负,指运用人际关系或关系网络来进行欺负。——译者注

们需要让旁观者——任何当霸凌或骚扰事件发生时在场的目击者——去支持受害者。我们应该对我们的女儿和儿子说:"当有人行为卑劣或是有不恰当的性言行时,如果你在场,你就有义务做点什么。你得保护被攻击的人,告诉成年人发生了什么,或者两者兼而有之。"

最重要的是,面对残酷的现实,我们的女儿们不应该感到无助,我们也不应该指望她们能够在没有成年人支持或干预的情况下去应对男人们的不当行为。大多数成年女性在遭到性骚扰时都会感到震惊困惑,所以我们不应该指望我们的女儿们能够独力应对这种事情。

有害的攻防范式

有些女孩会对男孩进行性侵犯。[10] 虽然男孩骚扰女孩的可能性比女孩骚扰男孩更大,但欺凌行为并不是一条单行道。研究表明,[11] 女孩们有时的确会对男孩进行人身骚扰,但更多的骚扰是在数字环境中进行。据她们自己承认[12],有6%的女生曾缠着男生给自己发裸照,有9%的女生曾主动向男生发不雅照片,还有5%的女生在网络环境中逼迫男孩从事性活动(在男孩中,可比数字分别为22%、8%和19%)。

这些发现与我在心理咨询工作中听到的一些故事相吻合。不止一次,有男孩的父母问我,他们应该拿那些看上去喜欢将异性作为狩猎对象的女孩怎么办。很显然,我并不认为应该把这种现象作为迈向性平等的积极一步来加以欢迎。当女孩们加入到那些在兽性行为的泥沼中狂欢的男孩们的队伍中时,我们没有理由为她们喝彩。尽管如此,我们还是应该暂停片刻,认识到,研究告诉我们,即使女孩确实欺凌男孩了,这通常也不会产生与男孩欺凌女孩一样的负面影响。男性和女性在社会权力和身体力量方面的差异或许能解释为什么受到男孩骚扰的女孩总是比受到女孩骚扰的男孩更觉得受到了威胁[13]。

例如,一位亲密的同事最近打电话给我,就她正在提供心理咨询的一个12岁女孩征求我的建议。女孩的父母在对女儿的手机进行例行检查时发现,她一直缠着班上的一个男孩给她发一张他的生殖器的照片,作为回报,她提出发给他一张自己乳房的照片。当男孩终于对女孩的再三要求让步后,女孩兑现了自己的诺言。于是女孩的父母向我的朋友求助。"我不知道该从哪里入手,"我的同事说,"因为这个可怜的孩子现在有两个问题。我给她做咨询是因为她的父母想弄清楚,她究竟为什么会认为自己可以去缠着男孩索取裸照。然而与此同时,她本人发出去的照片在学校里引发了一场社交风暴。她的学校里没有一个孩子在意男孩给她发了自己的阴茎照片,但却有好几个孩子发帖子称她为娼妇。现在她拒绝去上学,我能理解这是为什么。"

很显然,对任何人而言,胁迫或侮辱他人都是不被允许的。尽管我对于那些向男孩们做出越界之举的女孩们的所作所为没有任何严密的解释,但对于如何理解这种不受欢迎的逆转局面我倒确实有个想法。成年人会在无意识中给年轻人灌输一种印象,即在爱情的领域,总是一个人扮演进攻者,另一个人扮演防御者。我们用超出了我们所能意识到的诸多方式推进这一错误理念,而且当我们这样做的时候，我们会暗示进攻的角色通常由男孩扮演，而女孩则扮演阻止男孩进攻的角色。

当我听说女孩的性侵犯行为时，我认为这是上述有害假设的副产品。那些对这种模式感到不安但又不知道还有什么其他模式可选的女孩可能会认为，如果留给她们的选项不是施压者就是屈服者，那么她们会选择充当施压者。这一切对我们的女儿和儿子都没有好处，但除非我们打破有问题的思维框架本身，否则情况是不会好转的。让我们弄清楚事情是如何发展到如此麻烦的地步的，这样我们才能引导年轻人走上一条更健康的道路。

基于性别的性教育

无论是在家里还是在学校里，当我们和年轻人谈论他们正在来临的爱情生活时，总会呈现出一种奇怪的模式。事实上，成年人倾向于提供两种不同版本的"谈话"，一个是为女孩准备的，一个是为男孩准备的。和女孩们谈话时，[14]我们通常会这样说："在你思考你的爱情生活时，有一些关键因素需要考虑。第一，你千万不能让自己陷入一个糟糕的境地，让事情发展到超出你希望的地步。第二，你千万不能染上性传播疾病。第三，你千万不能怀孕。"一些成年人还会补充说："哦，要注意你的名声，千万别让人家说你是个放荡或轻浮的女孩。"研究告诉我们，[15]男孩通常会得到一条截然不同的、简短得多的信息，概括起来大体上就是："伙计，当你要发生性关系时，一定要戴避孕套，而且一定要征得女孩的同意。"

第四章 女孩和男孩在一起

青少年们并不笨。虽然大人没有明说，但他们能清楚地领会到这些基于性别而采用的不同套话背后的含义。男孩们从成年人那里听到的是：所有男人都有强烈的性欲，我们给予男人基于这种冲动采取行动的充分许可，但与此同时，我们会提醒他们小心染上性病，提防意外怀孕的可能性，或是谨防受到行为不当的指控。女孩们则只会收到一份禁令清单。在劳蕾尔学校，作为性教育课程的一部分，我给女孩们做了好几年以"不能做的事情"为核心的讲座，但我很不安地意识到，我传达的潜在信息其实是："女士们，成年人更希望你们过禁欲生活。"进一步思考这个问题（并且变得更加不安）之后，我意识到在"请不要过性生活"的信息下面，还有另一条信息："此外，女士们，我们打算由你们来负责规范青少年的性行为，因为我们不打算让男孩们这么做。"

作为女孩们的支持者，我很难接受这样一个事实，即我一直在积极参与推动围绕着年轻人的爱情生活制定的双重标准。作为一名心理学家，我清楚地认识到，为女生准备的陈腐的性教育谈话可能给她们带来很大的心理压力。当我们不肯承认女孩天生有性欲时，我们其实是在对她们说："成年人不能接受你们有性欲这一事实。所以，我们打算完全忽略那种冲动，转而致力于教导你们，在爱情生活中，男孩们负责踩油门，而你们则负责踩刹车。"

这种信息传递在本质上暗示了女孩对性产生兴趣是不可接受的出格表现。所以，当一个年轻女子的头脑和身体在告诉她一件事情，而成年人却在告诉她另一件事情时，她该怎么做呢？在通常情况下，女孩们会对她们正常的、意料中的感觉感到焦虑和羞愧。

或许你已经在自己的家中抵制了这种不幸的文化倾向,将你女儿爱情生活的曙光视为一种幸福健康的发展。然而,即使你针对她正在出现的性行为所传递的信息是积极而公平的,你女儿也会从外面的世界听到一些不同的东西,所以这个问题也需要我们加以解决。我敢肯定,我没必要告诉你,对女性欲望的文化偏见在我们的语言中根深蒂固。我们有一整套有害的词汇,用来描述被视为性行为放纵的女孩和年轻女性,如荡妇(slut),娼妇(thot[一]),淫妇(tramp),破鞋(floozy),性感傻妞(bimbo),等等。

我们用来描述爱情生活忙碌的男人的词汇屈指可数,"花花公子"(player)就是其中之一。然而,与我们用在女孩身上的类似词汇不同,许多男孩会自豪地顶着"花花公子"的头衔,因为他们在一种崇尚男性阳刚的文化中长大。现在对男性来说,[16]最具贬义的与性有关的词汇似乎是"炮男"(fuckboy),它被用于指代那些以玩弄女孩,同时追求好几场艳遇,只想要短暂的肉体接触而闻名的男性。然而,当我问女孩们,一个男人被称为炮男和一个女孩被称为荡妇,其伤害程度是否一样时,她们响亮而斩钉截铁地齐声回答:"不一样!"

性领域的双重标准让我们的女儿们在心理健康方面付出了高昂的代价。[17]有一份研究报告恰如其分地被题为"假如你是女孩,你做你完蛋,你不做也完蛋",它研究了青少年之间围绕色情短信展开的动态。[18]这项研究和其他研究一样,发现男孩和女孩都会发送裸照,但男孩远比女孩更可能逼迫异性这么做。更有甚者,

---

[一] "that ho over there"的缩写。——译者注

在这项研究中,女孩们报告称,无论她们怎么做,她们都会受到男孩的贬低。那些拒绝发送裸照的人被称为"假正经",而那些屈服于压力发送色情短信的人则被称为"荡妇"。正如我的同事在她的年轻来访者骚扰班上男孩索取裸照事件中所发现的,这项研究中的男生"几乎不会受到任何批评"[19],不管他们是否发送色情短信。

当然,对于任何未成年人来说,发送裸照都是个糟糕的决定。为此,我们已经开始采取一种广泛流行的做法,即告诫女孩们不要发送色情短信,但我们却几乎从来没有要求过男孩们不要去索取它们,而他们也的确去索取了。一项研究发现,[20] 有超过三分之二的12～18岁的女孩曾被男孩要求分享裸照,有时还会受到骚扰或威胁。我们没有把男孩纠缠女孩索取性短信视为一个问题,这凸显了成年人在多大程度上,甚至是在无意识的情况下,接受并延续了那种问题多多的"男孩负责进攻女孩负责防御"的思维框架。我们让女孩,而且只让女孩,负责监管青少年的性行为。所有这些都让我们的女儿们在心理上承受着沉重的负担。说到底,正如研究报告上说的,如果她们这么做了,她们就完蛋了,如果她们没这么做,她们也完蛋了。

将平等带到性教育谈话中

为了正确对待我们的女儿们和儿子们,我们应该摒弃基于性别有所区分的性教育谈话,转而采取一种统一的方式为年轻人正在进入的爱情生活提供建议。当我们这样做的时候,我们应该遵循专门研究青少年性健康的儿科医生玛丽·奥特博士（Dr.Mary Ott）的指导，她指出："我们希望我们的青少年们培养有意义的情侣关系[21]，并希望他们能体验性行为。"为此，她建议我们"在关于性的谈话中，从将性视为一种危险因素转向将性视为健康发展的一部分。"

在实践中，这意味着我们应该对我们的青少年以及准青少年们说："当你在思考你爱情生活的生理方面时，你应该先反思你想要什么。你应该去关注你希望发生什么，你觉得什么是有趣的，什么会让你感觉很好。"我知道，与自己的孩子们进行这样的讨论并不总是令人愉快的，当父母说出这些话时，孩子或许很想从行驶中的车子上跳下去以结束这段谈话。然而不管怎么样，父母还是得说出这些话，或者类似的话。如果我们想帮助我们的女儿们减轻我们盛行的性文化所造成的巨大压力，那我们不仅需要认可，而且还需要热情地赞许她们健康的欲望。

当你觉得你的女儿愿意继续讨论这个话题时，你应该补充说："当你知道自己希望发生什么事之后，接下来要考虑的就是你的伴侣希望发生什么事。这需要进行一些交流——你们需要彼此间足够了解才能明白这一点。"换句话说，我们得强调与爱情伴侣建立诚实互信关系的重要性。

当我和女孩们谈论她们的爱情生活时，我总是说"伴侣"，而几乎从不说"男孩"，除非我碰巧是在谈论一种显而易见的异性恋现象，比如意外怀孕。我这种一刀切式的套话为异性恋者、非异性恋者以及事实上所有年龄段的人勾勒出了交往规则。有太多时候，成年人会在无意中（或许也是有意地）将年轻的男同性恋者、女同性恋者、双性恋者或性取向不明者排除在外，或者是只使用异性恋术语来描述爱情。一旦我们摒弃了麻烦的"征服者—被征服者"的异性恋思维框架，并且记住生理上的性行为应该是一种快乐的、可以以任何形式发生的合作努力，则每个人都会受益。

虽然我在这里只提供了一份简要的指南，但现实是，我们应该反复和孩子们谈论身体上的浪漫行为。这么做有两个很好的理由。首先，如前文所述，女孩并不总是很想与父母讨论她们的爱情生活（很多成年人也觉得这个话题非常尴尬！）。这时候，父母有效地表达自己的观点，不时去触及然后再抛开这些话题，并且不期望获得什么回应，这样做是很有帮助的。如果你的女儿碰巧渴望谈论她的爱情生活，那就随她一同进行深入讨论。然而，如果你想引入这个话题，比如你可能会说："或许这是明摆着的事，但我仍然觉得值得一提：你应该非常享受你的爱情生活，并且只与希望你能感到快乐的伴侣分享它。"如果你的这种努力遭到冷遇，你不要绝望。能让你的女儿知道你的立场，这依然是很有价值的。

其次，随着我们女儿的成长，这种谈话的性质和重点会发生变化。对于年龄较小的女孩（如小学高年级或初中低年级的女孩），我们可以采用绝对老幼皆宜的方式来引入我们想说的道理，即女孩们应当关注她们自己想要什么。如果你女儿提到他们班上的一个男孩宣布他打算在即将到来的六年级社交活动中与她的一个朋友跳慢舞，你可以轻松地说："太好了，你觉得这也是她想要的吗？"随着女孩们渐渐长大，她们最喜欢的电视剧情节，她们爱听的音乐中的歌词，甚至是她们对同学的评论，都可以为父母提供机会，强调他们的女儿有权享受快乐而平等的爱情生活。

有时，女孩们可能会在这些谈话中起牵头作用，但如果她们没这么做，那我们应该采取主动。当我的大女儿上初一时，有一次在食品店里，排在我前面结账的是她一个叫做莱克西的女同学的母亲。我很喜欢这位妈妈，也经常在学校聚会和城里碰见她。那天她见到我时热情地说："哦，你一定很想听听这个！几天前的一个晚上，莱克西突然问我'为什么会有像娼妇和荡妇这样的词来形容女孩，而形容男孩却没有类似的词呢？'"她一边把买的东西放到传送带上，一边继续说："我说'问得好！'然后向她指出，我们的语言在很大程度上传达了美国的文化观念，很不幸的是，我们并没有为形容爱情生活活跃的女孩们提供正面词汇。"

"我很高兴莱克西问了这个问题，也很高兴你借这个机会强调了性别歧视是如何被融入我们的语言中的。"我对此补充道，"希望我们的女儿们能找到合适的词语来描述健康的女性性行为，因为我们自己在成长过程中肯定是没有这些词语的。"

我们希望我们的女儿们在她们的爱情生活中培养出一种强大的个人能动性，即意识到她理应享受快乐，永远不应该被剥削或欺凌。所以接下来就让我们把注意力转向应该如何就这个问题展开对话。

仅仅征得同意是不够的

当相关话题第一次出现时（通常是在初中阶段），积极对待我们的女儿们正在迎来的爱情生活能为创造所有健康爱情的下一个元素奠定基础，这个元素就是：达成一致。"一旦你知道你想要什么以及你的伴侣想要什么，"你可以说，"你就可以弄清楚你们在哪方面能热情地达成一致了。"我知道，这通常会是我们讨论征得对方"同意"这一谈话内容的一部分，而且这通常发生在高中阶段。然而我认为，当我们向年轻人提供性行为指导时，我们需要认真地重新考虑"同意"这个词被广泛使用的情况。简单地说，仅仅是征求同意就可以获得本应是双方共享的身体浪漫乐趣，这个门槛简直低到令人难以置信。

对于我们的女儿们和儿子们，我们都应该指出，尽管成年人经常会强调征得对方"同意"的极端重要性，但这个词本身是一个法律术语，阐明了一个人给予另一个人许可的最低标准。我们可以说："如果你'允许'某人带你去约会，牵着你的手，或者做其他事情，那就说明有问题了。你的爱情生活应该比这丰富多彩得多！"我们还应该补充一点，我们绝不希望自己的孩子将爱情伴侣做出的"行，可以"的回应视为给进行性活动开绿灯。健康的爱情生活应该集中在寻找快乐的契合点上。当我们欢迎年轻人进入爱情世界时，我们应该让他们达到尽可能高的标准，而不是最低的标准。

我们可以继续谈论"同意"的涵义，它被用来描述授权牙医给牙髓进行根管治疗这样的互动交流。我们可以向孩子们证实，他们在别处听到的说法没错，即如果他们没有得到爱情伴侣的明确同意，他们就有犯法的危险。然而，当我们和年轻人谈论他们的爱情生活应该是什么样时，我们不应该就此止步。将最低限度的许可作为一种合格标准，恰恰进一步加强了我们正在努力超越的、容易引发焦虑的攻防式思维框架。

从一个稍微不同的角度来看，尽管同意是双向的，但是当我们使用这个词时，我们经常会记着这样一个事实，即男孩在身体力量上可以压制女孩，因此他们应该确保在采取行动之前获得对方同意。所以，当我们主要从"同意"的角度出发谈论性行为时，女孩们就会收到这样一个令人紧张的信息：男孩会强迫她们去做一些事情，而她们必须充当决定男孩能做什么和不能做什么的守门员。相反，当我们从如何与伴侣达成热情一致的角度出发进行谈话时，我们就可以用一个快乐的模式来取代一个充满压力的模式。

赋予性权力有助于保护性健康

一旦我们向女儿们明确，她和她的爱情伴侣应该对他们的计划达成热情一致，接下来会发生什么？我们的女儿应该扪心自问，双方商定的活动是否有任何需要管理的危险。我们可以说："当你和你的伴侣一起决定了你们想做什么时，接下来你应该考虑可能面临的风险。如果你们的计划对你而言意味着一回事，对你的伴侣而言意味着另一回事，你们的感情会受到伤害吗？你可能染上性病吗？你可能怀孕吗？"

一些成年人可能会担心，在我们谈论完身体浪漫的乐趣之后再谈论风险管理，可能会使女孩们不去优先考虑自己的性健康。然而，研究表明情况恰恰相反。那些不太了解自己性意愿的女孩最有可能在肉体关系方面做出妥协[22]，进行自己并不真正想要的性活动，并将自己的健康置于危险之中。研究还发现，与质疑传统性别思维的女孩相比，那些认同传统性别角色的年轻女性——比如接受在卧室里由男孩主导、女孩跟随的观念——更不太可能采取避孕措施或采取措施预防性传播感染[23]。

在荷兰，无论是男孩还是女孩，青少年性行为长期以来都被认为是健康和自然的，在家里和学校都公开讨论。[24] 专家们在解释荷兰是工业化国家中青少年怀孕、生育和堕胎率最低的国家，而美国则是最高的国家时，指出了这些文化因素，外加荷兰的卫生系统提供了方便的避孕措施。事实上，[25] 研究人员对美国和荷兰的大学女性就性教育和性态度问题进行了采访，结果发现两国女性之间存在着明显的分歧。例如，一位荷兰女大学生解释说，她和她的伴侣"一起计划好了我们想走多远，以及我们将使用什么样的保护措施"[26]，而一位美国女大学生则宣称，采取措施为可能发生的性行为做准备，例如购买避孕套，"意味着这个女孩是个荡妇"[27]。

总而言之，那些觉得自己没有权利享受身体性生活的女孩，过着充满压力和焦虑的爱情生活。在过性生活时，她们担心自己的名声，而不是尽情享受。她们让男孩们决定如何过性生活，而不是大胆说出自己想做什么和不想做什么。而且她们不会采取必要的措施来保护自己的性健康，把身体上的亲密接触变成了一种高风险、令人担忧的事件。如果我们鼓励我们的女儿们去适应她们不断发展的性生活，她们就更有可能获得她们理应享受的安全而愉快的爱情生活。

向性行为说"不"的诸多方式

当然,在谈话中,我们不应该说得好像由我们的女儿而不是由男孩来负责规范异性恋爱情生活中发生的事情,但总会有一些时候你的女儿没有她的伴侣那么想过性生活。不幸的是,同样是那种危险的攻防式思维框架影响了我们目前对女孩和年轻女性关于如何处理这种情况的指导。我们经常教导女孩,拒绝性行为的唯一方式就是明确、直接、不客气、不加掩饰地说:"不。"

这种指导方式,就像我们对"同意"的关注一样,部分来自法庭。它当然是出于好意,因为关于是否发生过约会强奸的问题,往往取决于年轻女性说她不想有性行为时的明确程度。而我认为,这部分也来自我们极为重要的愿望,即教导我们的女儿,她们与男性是平等的,她们有权毫不尴尬或抱歉地使用否决权,特别是在与自己的身体有关的事情上。然而,我们的女儿其实有很多方法可以明确阐明她们想做什么、不想做什么。在现实生活中,将一声硬梆梆的"不"置于所有其他选择之上可能并不总是切实可行的做法。

最近,我和一位在大学心理咨询中心工作的精明强干的同事共进午餐时,就让我想起了这一点。我们在一家亚洲快餐店碰面,先在前面点菜,然后把盘子端到一个安静的角落。在我们问候了彼此的家人情况并聊完即将到来的暑期计划后,她突然改变了话题,有点儿急迫地说:"我觉得我现在总是会注意到一个现象,我想知道你是否也注意到了。"她声音中的担忧程度让我很紧张，然后她接着说："在过去的几年里，我听到越来越多前来求助的年轻女性说，她们因为自己在不愿意的时候和别人发生性行为而对自己感到生气。"我点头让她继续。"她们当时知道自己并不想继续下去，所以她们出于两个原因来我的办公室。一是她们感觉受到了侵犯；二是她们对于自己为什么没说'不'或做任何其他事情来表示拒绝感到烦恼和困惑。"

我的同事描述了典型的此类情况。通常，她的来访者会在一个派对上开始她的夜生活，要么是在兄弟会派对上，要么是在其他地方。在那里，她和一个男人聊天和调情。接着，事情会发展到这样一个地步：这个年轻女人同意到他或她的房间去进一步亲热，这时候她依然是愿意的。然而随着亲热行为进行下去，这位年轻女子意识到了两件事情：她不想走到性交那一步；她收到了强大的、非言语的信号，即她的伴侣百分百认为这个晚上就要走到那一步。

我的同事解释说，她的来访者告诉她，"她们决定'把这事做完算了'，因为她们无法下决心拒绝对方。就好像她们觉得，通过同意和那家伙上床并开始亲热，她们就已经签下了一份她们觉得无法反悔的社交合同。"

我向我的朋友证实，我完全知道她在说什么，因为最近就有一名聪明、自信的大学二年级学生到我的诊所来讲述了一个几乎完全相同的事件。"我很震惊。"我对我的同事说："她几乎在因为自己是一个'失败的女权主义者'而对自己感到生气，就像她因为做了自己不想做的性行为而感到生气一样。"我的同事急切地点头："是的，她们都是很坚强的女人，她们并不胆小。她们来到我的办公室时对自己很生气,因为她们知道她们本应该说出来。然而她们担心,如果她们坦率地说了'不',就会伤害男生的感情,或者是在校园里被诬蔑成喜欢挑逗戏弄异性的人,所以她们就接受了自己不想要的东西。"

当然,在这种情况下,年轻男性不应该把没有明确说出来的"不行"当成"可以"的同义词,而年轻女性也不应该担心男性会对她的诚实做出不好的反应。值得庆幸的是,许多高中和大学都在积极努力地帮助学生接受性伦理教育,学习如何与性伴侣进行公开而有效的交流。如果正在和我们的女儿们亲热的人碰巧不是那种每前进一步都会认真征得对方同意的人,我们的女儿们也应该知道该如何主动开口。

我们应该继续建议我们的女儿们,她们有权用一个干脆的"不"来拒绝性行为,只要她们觉得这种方法适合当时的情况。然而这条很好的建议还应该再进一步。事实上,要表达明确的"不"还有很多种方式,我们不希望年轻女性觉得拒绝性行为只有一种方式。原因如下:我的同事描述了两种常见的,年轻女性不愿意直截了当地说"不"的情况。第一种情况是她们担心伤害男人的感情,第二种情况是她们担心这样做会引起对方充满敌意的反应。

事实上,[28] 每一种文化都有详细的用于表达拒绝的准则,因为违背某人的期望是一件非同小可的事情(我们不妨假设,当某人——不管他是不是处于清醒状态——认为他即将进行性交时,这一点尤其正确)。在日常交往中,断然拒绝是很罕见的,因为这通常具有羞辱性。相反,[29] 大多数人会通过说一些好话,表达遗憾，提供解释或借口来拒绝请求。换言之，当一个熟人邀请你参加一个你不想参加的晚宴时，你几乎肯定不会回答："不，我不想参加你的聚会。"你更可能会说："哦，谢谢你的邀请。不能去我感到很郁闷，因为那天晚上我已经有安排了。"

当我们的女儿们并不担心对方的感受或自己的安全时（例如，在派对上听到令人毛骨悚然的下流要求时），直言不讳地说"不"是非常合理的。然后，我们应该从最基本的"说不"的建议扩展话题，和女孩们讨论如何在毫不含糊地拒绝一个人的同时维持自己与那个人的关系——如果她们希望如此的话。我们可以告诉我们的女儿，有一些时候，在亲热过程中的任何时候，她们都可以自由地说："嘿，我觉得很开心。我不知道你在想什么，但我今晚不想做爱。"

当然，我们担心，礼貌的拒绝可能会被视为含糊不清的拒绝，或是要开启谈判的标志，乃至于是欲迎还拒的表现。事实上，所有这三种可能性都需要对方对形势进行蓄意误读。也就是说，我们可以告诉我们的女儿，如果她需要做出反复拒绝的话，那么她完全可以把对伴侣感情的担忧放在一边。我们应该鼓励她，到了那种时候，她就该审时度势，决定究竟是要直截了当地说"不"，还是采取另一种人际交往策略，比如找一个借口。

事实上，调查年轻女性回避性行为策略的研究人员发现，找借口（例如感觉不舒服、害怕怀孕）是一种被广泛使用的策略。[30]参与研究的女性觉得，重要的是要"减轻打击"，以防她们的伴侣变得"非常心烦意乱"。这就引出了我们说到的第二种情况：年轻女性可能担心直截了当的拒绝会引发对方愤怒的反应。[31]语言学者们注意到，直接拒绝，特别是那些不加解释的拒绝，往往被认为是粗鲁或充满敌意的，因为我们的社会有明确确立的，而且绝大多数都是采取间接形式的拒绝惯例。[32]女性主义语言学家德博拉·卡梅伦（Deborah Cameron）指出，现有的证据对我们那种"不加修饰地说'不'"的建议提出了质疑，因为这种建议的实质是让年轻女性"以一种高度对抗的方式来用语言表示拒绝，从而加重了拒绝男人求爱的冒犯感"。如果年轻女性害怕男人会以不友好的态度接受她的拒绝，那么我们为什么要教她以一种听起来很具侮辱性的方式拒绝对方？

我和我的同事把午餐时间拖了很久，不愿意在还没有想出办法来帮助向我们进行咨询的年轻女性时就离去。她和她的来访者们讨论过今后如何进行性互动的计划，后者主动提出，她们比较愿意像那些参与研究的女性一样，在参与性互动时事先计划好借口，找好委婉的托词，比如突然"想起来"她们必须离开，因为她们答应要在某个特定的时间和某个朋友见面，或者说她们不想做爱，因为她们感觉身体不舒服。我和我的朋友坐在那里，用吸管喝着最后一滴融化的冰水，我可以肯定我俩对她的来访者们提出的解决方案都有点儿不安。一方面，我们非常想帮助这些年轻女性避免她们不想要的性行为，另一方面，我们也在犹豫是否该建议她们用各种借口来避免性行为。

之后的几个星期里，我一直在脑海中反复回想那次午餐谈话。经过进一步深思，我意识到，长期以来，我一直在鼓励青少年自由地编造各种借口，以避免做一些事情。我之所以这么做是因为，通过提供一个借口——比如"我很愿意，但我爸爸说他会测试我的头发是否含有违禁物品"，青少年们就可以拒绝他们的同龄人，而不会产生不好的社交后果。换言之，期望在复杂的社交环境中保持完全的坦诚，对大多数人而言都是不现实的。我宁愿让青少年撒善意的谎，也不愿让他们做危险的事，或是做他们不想做的事，因为他们缺少一种说"不"的简便方式。

所有这些都不能成为我们女儿的爱情伴侣推卸责任的借口，他们有责任去承认，任何形式的"不"都是"不"。然而一个女孩一开始并不总是知道她和她的伴侣能沟通得多顺利。因此，我们需要让我们的女儿们既做好准备迎接我们希望她们拥有的爱情生活，又做好准备应对她们有时会意外遭遇的爱情生活。

说到底，我觉得我们给女孩们提供的指导意见究竟好不好完全取决于结果。如果我们的女儿在高度紧张的亲密状态中时，并不总是愿意直截了当地说"不"，那么我们就应该发挥创意，扩展我们的建议，将温柔地说"不"或寻找借口纳入其中。当我们这样做的时候，我们应该强调，女孩们可能会在不同的情况下使用不同的方式，但在表达意愿方面她们都应该毫不含糊，说"我真的没有做爱的情绪"是含糊的，但是说"我今晚不想做爱，但我希望今后还能再见面"则是不含糊的；说"我想我该去见我的朋友了"是含糊的，但是说"我记得我答应我的朋友要送她回家。我现在得走了"则是不含糊的。我们的女儿们要想享受她们的爱情生活，就必须能够自如地表达自己真正想要什么，并且有切实可行的方法避免去做自己不想做的事情。

勾搭文化的真相

像我的同事所分享的那些故事表明，近年来，爱情风景线已经发生了巨大的变化，尤其是在大学生中。我们现在听到的是一种"勾搭文化"，在这种文化中，浪漫、求爱和承诺已经被雁过不留情式的性接触所取代。热门电影和电视节目当然是起到了推波助澜的作用，它们在宣扬一夜情、没有附加条件的性行为以及打求欢电话（与没有感情依恋的伴侣定期发生性关系）现在已经成为年轻人中的常态。研究确实发现，[33] 与20世纪80年代末和90年代初的年轻人相比，21世纪10年代这一代人更倾向于在双方保持亲密友谊或进行随意约会的背景下发生性行为，而不是基于明确界定的伴侣关系。然而在大多数情况下，勾搭文化的现实状况并不如同炒作的那样。

大规模调查的结果告诉我们，与20世纪90年代到21世纪初的18～25岁的年轻人相比，[34] 最近一代年轻人并没有报告说他们从18岁开始有更多的性伴侣，在过去的一年里有更多的性伴侣，或者是性行为更为频繁。事实上，今天的年轻人似乎比他们的前辈性生活更少。对于出生在20世纪80年代和90年代的20～24岁的人来说，有15%的人从18岁起就完全没有过性生活[35]，而在60年代出生的人中这个数字只有6%。同样，调查显示，[36] 报告称自己是处女的高中生人数从1991年的46%上升到2017年的60%。我们并不完全知道为什么今天的青少年和年轻人比前几代人在性方面更加保守，但我们确实知道，统计数据与认为我们正在培养高度滥交的一代人的观点不符。

然而，不幸的是，研究也告诉我们，我们的女儿（像几乎所有人一样)很相信媒体的头条新闻。[37]当 18～25 岁的年轻人被要求估计去年全美国有过不止一个性伴侣的 18 和 19 岁的年轻人数量时,他们所猜测的数字远远超过了总数的一半,而实际数量只有 27%。同样,当被要求估计有多少学生在大学期间进行过从接吻到与超过 10 个人性交的随意性活动时,年轻人的猜测再次远远超过一半,而实际数量仅为 20%。

对于那些浪漫主义者,我有个好消息。最近一项针对大学生的调查发现,[38]有 63% 的男性和 83% 的女性表示,他们更喜欢传统的浪漫关系,而不是没有承诺的性关系。另一项研究发现,只有 16% 的 18～25 岁的年轻人说他们理想的周五夜生活包括了随意性行为,[39]而剩下的 84% 的人则说他们更喜欢与确立了严肃爱情关系的人发生性行为或是一起做其他事情。

对于我们的女儿们来说,接受以下这种普遍持有的观念是不好的,即认为大学生都会与实质上的陌生人随便发生性关系。因此,我们有责任让我们的女儿们知道,每年只有相当少的一部分学生会与一个以上的伴侣进行勾搭;大多数年轻人,无论男女,都希望拥有一段有意义的关系,而不是一夜情。

轻信关于"勾搭文化"的炒作会给我们的女儿带来真正的不适。那些不想参与不涉及情感的身体性行为的女孩可能会担心,不愿追随这种(实际上子虚乌有的)潮流说明她们自身出了问题。另外,一些原本对随意性行为感到不自在的年轻女性可能会决定屈从于这种做法,因为她们以为这是一种常态。那么,那些对随意性行为感到不适的人又是如何让自己忍受这一切的呢?通常,是借助酒精的帮助。

借酒壮胆

与一个实质上的陌生人进行身体上的亲密接触会让大多数人感到焦虑,而喝醉是减少焦虑的最简单的方法之一。因此,毫不奇怪,在大多数情况下,勾搭行为都涉及饮酒。研究始终发现,大学生之间的随意性接触会发生在喝了几杯酒之后,而且女大学生喝得越多,就越有可能发生雁过不留情式的身体接触[40],而且事情越可能有进一步发展[41]。

有趣的是,对女性而言,饮酒与勾搭文化的关联比对男性而言更密切[42]。虽然一些年轻女性可能会通过饮酒来消除她们对随意性行为的疑虑,但这里面也有其他由焦虑驱动的解释。专家们注意到,一些希望过活跃性生活的女性在饮酒时会较少感觉到美国文化的双重标准所带来的束缚[43]。同样的道理,年轻女性可能会觉得,如果她们可以把自己的行为归咎于喝醉了,她们就可以避免因性追求而受到评判。

饮酒和随意性行为是如此紧密地交织在一起,以至于年轻人甚至不会去质疑两者之间的关系。因此,帮助女孩们思考为什么饮酒和勾搭行为似乎总是如影随形,这任务可能就落在了成年人的肩上。两年前,当我与一群初三的女孩开见面会时,一个绝佳的机会出现在我面前。当时我们在谈论派对上有时可以自由获取大量酒精饮品,以及她们应该慎重对待饮酒行为的众多理由。在这一讨论过程中,一个女孩敏锐地提出(用许多14岁孩子已经掌握的深奥语言),"而且,当人们喝酒时,有关'同意'的问题也会变得复杂起来。"

"哦，是的。"我说，"然而让我们先退后一步来看。如果你真想和某人亲热，你为什么会想要喝醉呢？"接着我继续说："我们在生活中做的事情没有几件纯粹是为了开心。我能想到的不多，只有看电视，吃冰淇淋，还有做爱！"

女孩们知道我想说什么，友好地让我说下去。

"如果你们想和某人亲热的话，我希望你们能充分享受。真的，其他没什么可说的。你们不妨这样想。如果我给你们吃冰淇淋，你们肯定不会说'好吧，我想吃一点，但首先让我喝点儿酒。'对不对？你们肯定不想削弱它带来的感官体验。做爱也是一样。如果你们觉得在勾搭某人之前需要喝酒，那我希望你们问问自己究竟发生了什么事。"

尽管我们是在用开玩笑的语气聊，但女孩们都明白我的意思，而在说明我的观点时，我努力同时做到两件事情。首先，我确实想鼓励女孩们花更多的时间去质疑饮酒和勾搭文化之间的联系。其次，我尽量不错过与年轻女性谈论她们的爱情生活应该充满乐趣的机会。如果我们成功地传达了这些信息，我们就能帮助女孩们欣然接受自己对爱情的兴趣，而不是为此感到羞耻。当女孩们在爱情的世界里有自我把握感时，她们就不需要在进行性行为时借酒壮胆了。

友谊和爱情应该让你感觉良好

虽说如今年轻人的性生活在许多方面似乎比前些年更为保守，但这里有一个显著的例外情况。广泛的宽带服务使任何能上网的人都可以接触到赤裸裸的色情作品。现在，研究发现，到 17 岁时，[44] 有 93% 的男孩和 62% 的女孩将已经接触到色情作品，而且他们所看到的并不是加了柔焦滤镜的色情作品。研究人员研究了色情对性关系造成的影响，[45] 他们说："主流商业化色情作品都围绕着一个相对同质的、涉及暴力和女性堕落的剧本。"

统计数字告诉我们，色情消费正在改变性行为环境中发生的事情，[46] 与之密切相关联的是真实的性接触带来的享受减少了，而在青少年不宜（X级）剧本中常见的性实践则增加了[47]，例如肛交。一项持续多年的对女大学生性行为的跟踪研究发现，[48] 肛交的频率从 1999 年的 26% 上升到 2014 年的 46%。在采访中，参与研究的女性认为其伴侣所消费的色情作品和他们想在床上做的事情有直接关联。正如一位研究参与者所解释的："男性想要进行肛交，[49] 这在色情作品中很常见，所以人们很容易认为肛交是标准行为，但它其实不是。"虽然一些女性报告称喜欢进行肛交，但研究通常发现，[50] 大多数尝试过肛交的女性都认为这是一种负面的或痛苦的体验。

一名大学一年级女生向我阐述了色情作品对年轻女性造成的问题很大的影响，我从她初一起就认识她了。我第一次见到金姆的时候，她的父母正在闹离婚，而她相当早熟地问他们，她是否可以找一位心理医生谈谈他们离婚的事。我们一连好几个月经常见面，直到她的家庭生活找到了一种舒适的新节奏。之后她仍会定期和我沟通——几乎总是她主动提出——直到高中毕业。在一个深秋，我收到了金姆的一条语音留言，问在她回家过感恩节期间是否可以和我预约一个时间。认识她这么久了，我很想了解她的近况。

我们在我的办公室里坐定，飞快地相互问候了一番。金姆，一个平时把自己照顾得很好的年轻女人，看上去有点憔悴。然而她说她在大学里总地来说过得很开心，而且家里的情况也不错。

"那你为什么要来我这里？"我好奇地问。

金姆的脸蒙上了一层阴影。她突然间显得既绝望又羞愧："我想我染上了酗酒的毛病。"

"好吧。"我温和地说，希望听上去既充满支持又不带偏见。停顿了一会儿，我又说："你能告诉我你在担心什么吗？"

"刚开学的时候，我没怎么喝酒。有时我会在派对上喝几杯啤酒，但不是毫无节制的那种。十月份我遇到了一个我喜欢的男人，所以我开始和他以及他的朋友们在一起玩。他们的派对很疯狂。"她说，"跟他们在一起我开始越喝越多。我真的很喜欢克里斯——他就是我说的那个男人——但我不想显得很口渴，所以我主要是在周末晚上和他以及他的朋友们玩畅饮游戏。"注意到我露出诧异的表情，金姆回过头来解释道："'口渴'是我们用来形容向男人们投怀送抱的放荡女孩的。"

我点点头，但没有插嘴。金姆显然渴望继续往下说。

"在和克里斯以及他的朋友们一起玩了两个星期之后，我终于在克里斯家过夜了。我们做爱了。这事就这么发生了。我记不得太多细节。当时我醉得很厉害，这使我开始怀疑我该不该这样喝酒，但我并不后悔跟他勾搭上了。我喜欢他，我们一直在一起玩。"

金姆注意到我脸上有点担忧的表情。

"我从高中就开始吃治疗粉刺的药,所以我不会怀孕。我不确定克里斯是怎么想的,但不管怎么说,我希望我们的关系能进一步发展,但我又不想对此小题大做。我现在大多数晚上都会喝酒,等着看他会不会给我发短信说要过来。在我等待时,我无疑很想摆脱那种烦躁感。"

我终于插嘴了:"你和克里斯的情况听起来好像经常让你感到自己的处境很不稳定。这样描述对吗?"

"是的,很对。他是个好人,我想和他进一步发展关系,而不仅仅是勾搭而已。然而我不想被别人说成是一个试图把男人束缚住的女孩。"

"感恩节假期你和克里斯有联系吗?在不发生任何肉体关系时,你们会保持联系吗?"

"嗯,从假期开始我就没有收到过他的消息。我们分手的方式有点儿奇怪。我们做过几次爱,但在放假前一天晚上,他想试试肛交。我知道很多男人都喜欢这么做,但我很害怕。"然后,就好像这是一件没有任何不可告人之处的事情,金姆补充说:"所以我飞快地喝了个烂醉,然后我们就做了。我想他很享受,但我可以告诉你,我绝对不可能在清醒状态下那么做。"她停顿了一下,又说:"第二天上午我打电话给你。那一顿猛灌真的把我吓坏了。"

我很庆幸自己和金姆保持了长期联系,因为我们所面对的情况非常微妙。我不想完全暴露我对她所讲述的东西的反应,以免她受到打击,但我也不想反应不充分,似乎心照不宣地默许了她所描述的那种破坏性的、以勾搭为核心的、受色情作品影响的、没有明确达成一致的两性关系。

我瞄准了一个中间立场，小心翼翼地开始了。"我不确定你是否有酗酒的问题，但我确实认为你正面临着另一个你没有指出来的问题。"我将她脸上坦率的表情视为允许我说下去的信号，"我知道你所描述的你和克里斯之间发生的事情算不上特别不同寻常。"金姆点了点头。"然而在我看来，这听起来真的严重不平等，令人焦虑。"

"谢谢你。"她如释重负地轻声回答。

"根据你所告诉我的，你不习惯索取你想要的东西或是告诉克里斯你不想要什么。我的感觉是，你酗酒的目的是为了在这段关系中控制自己的紧张情绪。"

"我想的确是这样。"

"还有另一个问题，"我补充道，"你我都知道，克里斯不能把你醉酒当成可以做爱的许可。"

金姆表示同意，然后突然问道："那么，我应该暂时戒酒吗？"

"哦，这当然没什么坏处。而且这么做可以让我们测试两件事。第一，如果你能轻松地戒酒，就说明你没有酗酒的问题，无须担心。第二，如果你清醒时和克里斯在一起不开心，那么你就得重新考虑这段关系中双方要遵守的规则。要么就干脆结束它。"

她静静地坐了一会儿，然后说："我知道你是对的，但我不知道该怎么说克里斯。我不知道该如何改变跟他相处的方式，而且我还没准备好放弃。"

"听着，"我说，"你现在的处境很糟糕，而且你和克里斯的关系也不健康。我知道你自己也明白这一点，但有时人们很容易忘记，你的爱情生活应该围绕着你自己想要的东西发展起来。我想我们能找到一个办法让你朝着那个方向前进。"

金姆和我在她返校之前又碰过两次面，然后我们约好等她学期中间放假回来时再见面。当她12月中旬前来赴约时，她看上去又恢复了原来的样子。她马上开始谈正事。

"是这样的，"金姆开始说，"我遵守了对自己的承诺，戒了一段时间的酒，不管怎么说，选择这个时机戒酒非常好，因为我们刚刚进行了期末考试，而且它真的改变了我和克里斯的关系。"

"怎么会这样呢？"

"哦，"她停顿了一下，"看起来我们的关系——或者随便你怎么称呼它——就这样结束了。感恩节期间我一直没有收到过他的消息，当我返校以后，我决定等着看他是否会主动联系我。在我等着看他是否会给我发短信时，我非常焦虑，然后，我终于等到了他的消息。"她把头发塞到耳后，"然而那本质上是一个求欢电话。"

我点点头，让她知道我还在听着。

"他叫我过去，于是我就过去了。当我到达那里时，克里斯很友好，但接着他就几乎不再和我说话了。当他和他的朋友们喝醉了，而我还清醒时，跟他们待在一起简直无聊得令人难以置信。所以，过了一会儿，我就走了。此后我没再收到过他的消息，我也不打算主动跟他联系了。"

"我想你的意思是你知道你可以过得更好。"

"好很多。"她羞怯地笑着说。

"是的，"我说，"我也这么认为。记住：你的友谊和爱情应该让你感觉良好，而不是让你感到不快乐和焦虑。"

说到帮助我们的女儿们处理与男孩们的关系,我们知道我们需要做什么。我们必须教她们在遭受霸凌或骚扰时勇于捍卫自己,鼓励她们关注自己在爱情生活中想得到什么,并寻找那些用她们理应得到的温暖和善良对待她们的男人,作为朋友或者作为爱人。

现在,让我们把注意力转向女孩们的另一个常见的压力和焦虑来源:学校。我们的女儿们不仅经常在学校里遭遇前文中已经讨论过的诸多社交压力,而且会在学校里面对学业带来的巨大压力。

Under Pressure

第 五 章

女孩在学校里

从来没有哪一代女孩比我们今天正在培养的年轻女性在学业上表现得更令人赞叹。从小学开始,一直到大学,[1]统计数据显示女孩们在每一门学科上的成绩都比男孩要好。[2]在高中,女孩们比男孩们选修更多的大学预修课程,她们更有可能成为在毕业典礼上致告别辞的优秀毕业生,并且在高中毕业后立即进入大学。[3]上了大学以后,女生人数就超过了男生,接着她们会以更高的比率毕业并获得高等学位。

考虑到近年来女孩们在学术领域取得的惊人成就,毫不奇怪,我们的女儿们比儿子们更容易报告称自己感到学业的压力[4]。没有人希望年轻女性在已经取得的成就上发生倒退,但我们确实需要找到办法来减轻她们因此而感到的压力和紧张。本章将系统地审视在学术环境中压迫我们女儿的各种因素，并提出一些方法，让她们不至于感到被学校方面的忧虑所淹没。

学校本身就应该充满压力

让我们先来看看造成女孩们与学校有关的苦恼的一个根本原因：她们误解了压力的本质。正如我们所知道的，压力往往是有建设性的，但是美国文化中的成年人有时错误地认为压力总是有害的，并将这种观点传递给他们的女儿。事实上，一个人被推到自己的舒适区之外往往是一件好事，而学生们在学校遇到的大部分压力其实是健康的。所有的成长都伴随着一些不适，而我们送孩子们上学的目的正是为了让他们得到伸展和提高。

关于学校的健康压力，最好的比喻莫过于渐进式超负荷力量训练模式了。增强力量的最有效的方法是逐渐举起越来越重的哑铃。"渐进式超负荷"这个术语描述了一种人们很熟悉的训练计划，即随着时间的推移，增加动作重复次数或举起更大的哑铃，以刺激肌肉生长。

在理想的情况下，学校是一个长期的渐进式超负荷学业项目。从孩子第一次踏进学校的那一天起，直到她毕业的那一天，她的老师们都应该稳步增加她的学习难度。一旦她掌握了新的学习内容，他们就应该给她一些更具挑战性的东西。当然，这些都是显而易见的。然而许多成年人和学生集体忽视了一个现实，即就像让自己变得更强壮一样，让自己变得更聪明往往也是一个令人不适的过程。

那些认为精神压力永远都不是好事的女孩会觉得在校学习格外令人厌烦。她们会因为对自己有学业要求而感受到压力（在大多数情况下，她们的确应该对自己有要求），但她们也会因为自己有压力而感到担忧。第二种心理压力是不必要的，也是无益的。好消息是，研究表明，我们可以改变女孩们对学业要求的看法。[5] 为了研究人们对压力的看法，研究人员将人们随机分为两组。第一组观看的视频解释了压力如何有益于身体健康（当然了，是以肌肉锻炼为例）、增强创造力、巩固人际关系，以及帮助人们在关键时刻取得成功。第二组观看的视频详细描述了压力会如何破坏身体健康、情绪和自尊，以及在风险很大时会导致人们失去行动能力。

几天后，当实验者对这两组成员进行调查时，他们发现那些"压力有益"组的成员报告称自己的情绪和工作质量有所改善。然而，"压力有害"组却没有报告这种变化。研究人员据此推测，知晓关于压力的坏消息只是强化了大多数人已经相信的东西，因此对他们而言情况没有发生任何改变。与此类似，另一项研究发现，与那些有着"压力有害身心"思维的青少年相比，有着"压力增强力量"思维的青少年因生活中的挫折事件（如好友搬走或父母分居等）而感到紧张不安的程度要小得多[6]。

我们对压力的看法甚至可以改变我们的身心对压力的反应。在另一项研究中，第一组参与者被告知，[7] 身体对压力的反应，例如心跳加速，实际上可以改善他们的表现。第二组参与者则被告知，处理令人担忧的情况的最好方法是试着忽略压力来源。之后，两组参与者都被连接到心脏监测器上，并且被要求做一件几乎所有人都会感到十分紧张的事情。他们向一群充满敌意的听众做了一个五分钟的演讲,这些听众都是研究小组成员,他们一边听演讲一边蹙额,交叉着双臂,把眉毛拧成一团。

这项研究和之前的那项研究一样,发现在心理上认可压力的好处是有益的。一些实验参与者被告知要欢迎由紧张情境带来的生理唤醒(physiological arousal)[1],与那些被要求试着无视任何令他们不安的事物的参与者相比,他们觉得演讲任务没那么艰难,就连他们的心血管反应也更具适应性。

当我们的女儿们对学校有所怨言时,我们可以通过自己的回应让她们知悉这些研究成果。如果我们的女儿还小,并且抱怨不喜欢某个老师,被某个同学惹恼,或者害怕某个特定科目时,我们可以说:"是的。我懂。学校总会有让你不喜欢的地方。然而如何在不完美的条件下取得成功正是你要在学校里学会做的重要事情之一。"

随着我们的女儿年龄增长,我们可以用更直接的方式谈论渐进式超负荷教育模式。我经常向高中女生们指出,那些要求很高的课程是为了帮助她们培养精神力量和耐力,这是迎接毕业后的人生挑战所需要的。我会指出,对很多学生来说,初三就像是去健身房前接受的定向培训,它以一种相对温和的方式导入日后的大脑训练计划。然而,到了高一,我们基本上就要把女孩们关在健身房里,接受高难度的智力训练课程。事实上,高二这一年比我们通常认为的要艰难许多。高一学生往往要学习化学,这门课要求她们将数学技能应用到一个全新的领域,而这个领域有一套

---

[1] 指伴随情绪发生的生理反应。——译者注

全新的法则。雄心勃勃的高中生通常是在高二开始上第一堂大学预修课程的（其功课量达到了大学水平）。

高一的高强度脑力训练使女孩们有可能满足高三学习的高要求，届时她们的功课量会进一步增加（通常是通过增加更多的大学预修课程），很多女孩都在迎接复习和参加大学入学考试的挑战。对于想上大学的学生而言，在毕业年度，必须将大学申请过程的要求放在其他一切事情之上，这就使训练难度更上一层楼。当我们从这个角度思考学校时，对于我们的女儿是如何从有能力的初二小马驹变成高中毕业时的赛马的，我们会有一种全新的理解。

从积极的、能力建设的角度来界定教育要求是很重要的，因为这样做实际上改变了我们的女儿们对学校的体验方式，女孩们会从感觉被学校锤打到感觉被学校强化（哪怕经常会筋疲力尽）。令人高兴的是，有不止一种方法可以说明这一点。有时，我们可以庆祝女孩们由于进行智力锻炼而取得的巨大成就。还有一些时候，我们可以和女儿们谈谈，就像在举重训练中一样，她们的休息时间也是她们能持续成长的一个关键因素。

在访问美国各地的学校时，我经常问高中学生，她们是如何从非常糟糕的一天中恢复过来的？我总是会收到各种各样的回答。一些学生会小憩片刻；另一些学生则会在淋浴时大哭一场。一些学生会和家里的狗玩；另一些学生则会收拾房间，观看自己已经看过无数次的最喜欢的电视剧，出去跑步，或是听自己的快乐、愤怒或悲伤主题的音乐播放列表。

我发现学生们喜欢反思她们最喜欢的让自己重振旗鼓的策略，一旦我们收集到了很多例子，我总是在见面会结束时提出两个观点。第一，恢复策略是十分因人而异的。对一个人有效的东西不一定对另一个人有效，每个人都需要弄清楚什么对自己最有效。第二，有一个好的恢复策略是至关重要的，因为，就像肌肉锻炼一样，智力的增长同时取决于勤奋学习以及自我补充能量这两个因素。

简言之，女孩们如何看待由学习带来的精神压力，这本身会造成很大不同。秉持"压力有害"思维的学生会把学校当成一座令人沮丧的旋转木马，其日常负担让她们无法实现放松的目标。而秉持"压力有益"的观点则可以把学校当成一个有益的渐进式项目，通过交替提出学业上的要求和提供让身心恢复的间歇来培养各种能力。用最简单的话来说，比起持"压力有害"观点的女孩来，在持"压力有益"观点的女孩眼中，星期一清晨给人的感觉会美好很多。

女孩尤其会因为学业而感到担忧

我们需要尽一切努力去塑造我们的女儿们对学业挑战的看法，因为比起男孩来，女孩更容易为学业担忧。研究始终发现，尽管女孩们的成绩比男孩好，但她们会花更多的时间为自己的学业表现而烦恼[8]。为了解释这一悖论，专家们指出，与我们的儿子们相比，我们的女儿们更在意她们从老师那里得到的反馈[9]。女孩们往往把成绩看作是一种衡量她们能做到什么、不能做到什么的有力标准。与此形成对照的是，男孩们往往用更自信的态度面对学业。即使情况不理想，他们也并不总会将负面反馈视为针对他们个人能力的，或者说，他们会相信自己能够轻松解决负面反馈的问题。例如，在考砸的时候，比起女孩们来，男孩们更可能告诉自己，这是因为他们"没有认真对待那场考试"。

我们应该帮助女儿们别过于将学业成绩与自己的个人能力挂钩——同时也要帮助那些确实需要更认真对待学习的女儿——提醒她们，她们的作业和考试成绩只能反映在考核当天她们对学习内容的掌握程度。如果她们想提高掌握程度，她们可以通过付出更多的努力来达到这一目的。[10]多年的研究证实，比起那些认为分数提供了一种无法改变的能力计分卡的学生来，知道自己可以通过更勤奋或更有效地学习来培养技能的学生较少担心自己在学业上的表现。

还有一个原因也会让女孩们比男孩们感受到更大的学业压力，[11]那就是她们注重取悦于大人。换句话说，我们的女儿们常常担心，如果她们在学业上表现不优秀，我们就会对她们感到失望。作为两个女孩的母亲，我花了很多时间去思考，作为成年人，我们应该如何看待这一证据确凿的研究发现。说实话，对这个话题的反思迫使我承认，我有时确实会故意用"失望的表情"（我的女儿们是这么称呼）来敦促我的女儿们在学校里好好学习。

具体情况是这样的。我的两个女儿都非常擅长拼写单词，在小学期间，她们经常在拼写测验中拿满分。我通常会在为她们整理书包时发现这些测验卷，然后我往往会抽出满分测验卷说："哇！太棒了！真让我不敢小看啊！"但偶尔我也会发现一张有错误的测验卷，然后（承认这件事让我感到很尴尬），我相信卷子的主人会看到我做出"失望的表情"。我会一边仔细审视手中的那张纸,一边噘起嘴唇,在眉宇间挤出竖直的皱纹。更糟糕的是,有时候我还会用带着一丝明显的沮丧感的语气说:"哦!这是怎么一回事?"

这种互动并没有糟糕到令人发指的地步,但仍然是不好的,因为女孩们还有一个特点:她们对我们的情绪高度敏感[12]。我们不必表现出愤怒,甚至不必说出我们很失望,她们就已经心领神会了。不管我们是否有这种主观意图,但事实就是她们很容易感觉到她们让我们失望了。

类似的情况也会在学校出现,即使是最有爱心的老师也可能在不知不觉中流露出对学生的失望[13]。想象一位忙碌的教师在和一名勤奋的女孩进行互动,后者要求将一篇论文延期,因为在过去的三天里她每天下午都要去医院看望病重的祖母。即使同意延期了,但老师只要稍微犹豫一下,口气中稍微带有一丝紧迫的意味,说:"嗯,是的……好吧……你还需要多少时间?"这个女孩就会希望自己一开始没有提出过这个要求。

我们成年人为什么要这样做?我真的不太相信我们中的任何一个人会有意识地实施以唤起女孩的罪恶感为手段的被动攻击型战术。与此同时,我又经常觉得自己并没有自己希望的那样宽宏大量,而且我知道很多老师都是这样。一个女孩测验没得满分或者她要求延迟提交一篇论文会让人觉得这会给相关成年人带来额外的工作量,或者是需要老师调整评分日程表。在某种程度上,大多数家长和老师都知道,我们可以使用最微妙的信号——一个面部表情或是对某个请求稍微犹豫——让女孩们乖乖就范,不再给工作量已经过大的我们增加麻烦。

尽管这些互动交流本身很琐屑，但其影响却不小。它们可能制造出一种非常普遍的动态氛围，身处其中的女孩会因为害怕让成年人失望而鞭策自己在学校表现出色。我完全支持帮助女孩们寻找各种在学业上获得动力的途径，但这并不是其中之一。

诚然，并不是所有的女孩都是因为从父母或老师那里得到的反馈而对学业产生焦虑感。有些女孩的父母非常支持她们，然而她们仍然对自己抱有极高的学业期望。即使有的学校会等到初中后期才会给学生打分，但有时也会发现，不少初三女生会焦急地把作业上的每一个笑脸或星星转换成她们心目中相对应的字母评分等级。

不管焦虑的根源是什么，女孩们的求学方式不应该由恐惧作为驱动力。由焦虑驱动的学习会导致明显的情绪问题，使学校成为慢性压力的一个来源。此外，这还会导致一个巨大的实际问题。当焦虑压倒一切时，女孩们往往会成为效率极度低下的学生。为什么？因为过于担心学业表现的女生往往会发现，学习其实可以让她们放松神经。一个女孩越紧张，她学习就会越努力。在六年级时，这可能意味着她会制作50张单词卡片来应对测验，虽然事实上20张就可以了。在初二时，她可能会在晚上完成一项强迫性的仪式，即用一种自己发明的颜色编码系统重写每一堂课的笔记，以此来减轻学业上的恐惧感。在极端的例子中，有些女孩认为只有当她们的学习达到"完美"时，她们才能放松。

最糟糕的是，一些女孩为了控制学业焦虑而采取的超勤奋的学习方法几乎总是有效的。由于进行了一些专家所说的"奴隶式过度准备",[14] 这些处于歇斯底里状态的学生通常会得到极好的成绩。说到底，女孩们这种由恐惧驱动、效率极其低下的学习策略是从三个方面得到加强的：过度准备能帮助女孩们消除对学业成绩的担忧，能让她们不断取得让她们感到自豪的优异成绩，并且让她们赢得父母和老师的赞扬。对于受恐惧驱使的学生来说，这个系统非常有效，直到它变得不可持续为止。

娜塔莉是劳蕾尔学校的一名很棒的高二学生，她给我发了一封电子邮件进行预约。在留言中她告诉我，她之所以想跟我见面是因为她总是泪水盈眶，但却不知道为什么。我们讨论了一下什么时候我俩都有空，然后很快就一起坐在我那藏在楼梯下方的办公室里了。当时我立刻就知道出问题了。虽然娜塔莉平时看起来非常耀眼，但此刻她的火苗已经熄灭了。

"出什么事了？"我问道，并没有掩饰我的担忧。

"我不知道，这也是问题的一部分。"娜塔莉悲伤地说，此时她的眼睛里充满了泪水，"看到了吗？我就是会无缘无故地哭。"

"没关系，"我安慰她说，"我们会弄清楚究竟是怎么回事的。"

娜塔莉一边点头，一边用手背擦去眼泪。我一直把纸巾放在学生够得着的地方，但我已经注意到女孩们往往会避免去拿纸巾，就好像需要使用纸巾表明她们已经完全失去了对自己情绪的控制力。

娜塔莉两脚交叉，身体向我倾斜着，而我则根据造成这种脆弱感的常见原因对她进行询问，结果我没能找到任何可疑信号。无论是在家里还是在学校里，她和朋友们相处得都很好。娜塔莉正打算和住在加利福尼亚州的表兄弟姐妹们一起过春假，而且计划在暑假重返她最喜欢的夏令营。我检查了一下除了眼泪以外她是否还有其他抑郁表现，但又一次被告知，我找错地方了。最后，我回到了一个问题上。我在最初接受专业培训时就被告知，在我无法对来访者描述的问题做出任何判断的情况下，就应该去问这个问题。"你能向我描述一下你的一天是怎么度过的吗？"我问道。

一开始并没有出现什么令人惊讶的事情。娜塔莉描述说，她早上六点半左右起床，然后去上学，正常上完一天的课，然后坐公交车回家。接着她说："我晚上六点左右开始做作业，一直做到凌晨一点到一点半左右。"

我条件反射地打断她："等等……什么？！"

"是的，"娜塔莉说，"有时我也会在午夜前做完，但通常不会。"

劳蕾尔学校的学业要求很高，但娜塔莉每晚都要熬夜到那么晚，这对我来说很不可思议。于是我问她上了哪些课，以及每门课会布置多少家庭作业。突然间，问题就呈现在了我面前。

"哦，并不是每门课每天晚上都有很多作业。然而我觉得，如果我在一门课上花了一定的时间，那我也需要在其他课上花同样多的时间。"

"等等，"我不敢相信地说，"你的意思是说你在每门课上都要花一两个小时，哪怕有的课并没有什么作业要做？"

"是的，"娜塔莉烦躁地解释说，"我一直都是这样做的。如果有一门课没有布置作业或是没有测验需要复习，那我就会花时间复习笔记或是为下一次测验准备学习指南。"

"好吧，"我同情地说，"但你等于是在告诉我你每晚只睡大约五个小时。难怪你总是泪流满面。你所描述的日程安排会让任何人都觉得自己就要崩溃了。"

"是的，"她说道，开始对自己采取一种更为温柔的姿态，"但是我该怎么做呢？"

"我们需要重新考虑你的家庭作业策略。在我看来，毫无疑问，你可以学会所有你需要学会的东西，并获得与现在一样的成绩，但同时少做很多功课。"

娜塔莉的脸上同时掠过一丝怀疑和希望。

从书呆子到战术大师

我见过娜塔莉的父母，我知道他们非常善良。虽然两个人在各自领域都取得了很大的成功，但我丝毫没有怀疑他们对女儿寄予了不近情理的期望，或是对女儿的学业成绩表示过明显的失望。我的预感是，她的家人并不知道她熬夜熬到多晚，也不知道她在初中阶段运行的足够有效的学习系统到了高中就发展到了令人发指的程度。虽然娜塔莉的高压式家庭作业方案带来了令人印象深刻的分数，但是很显然，它必须被取消。

让我担心的是，娜塔莉已经进入高二很长一段时间了，而要让学习好的女孩放弃自己的学习策略是很不容易的，哪怕是非常残酷的策略，因为这种策略让她们获得了自己想要的分数。娜塔莉知道她需要更多的睡眠，但却不愿意放弃她熟悉的学习方法。然而，她愿意进行一些妥协。娜塔莉的英语课成绩很高，而且她知道自己很擅长写作，所以她同意停止在那门课上花任何额外的时间。一周后我们再见面时，她向我介绍了事情的进展。

"在英语上少花时间没有造成什么影响，"她说，"我甚至认为老师都不知道我已经改变了学习方式。"

"太好了，"我回答道，"现在你的睡眠时间延长了吗？"

"是的，延长了一些……可能还没达到我需要的程度，"她一边在座位上挪动身子一边说，"但比以前好多了。"

尽管娜塔莉同意我的建议，对家庭作业有所放松，但我看得出，她对于这种做法感到矛盾，并担心我会鼓动她把在英语方面做的事情扩展到其他课程上……当然喽，这正是我打算做的。然而，我怀疑，用咄咄逼人的方式表明我的立场只会激发抵触心理，所以我赌了一把。

"你有个哥哥，对吧？"我问道，回忆起几年前我在外面吃饭时遇到过她的家人。

"是的，现在他是霍金学校的毕业班学生。"她回答道。霍金学校是我们社区的一所男女同校的私立学校。

"他也像你这样学习吗？"

"哦，天哪，不！"她说，这个在她看来荒谬绝伦的问题几乎要令她捧腹大笑，"要知道，他的成绩非常好，但他还有很多其他事情要做，比如他晚上喜欢玩电子游戏。"

"那他是怎么拿到那么好的成绩的？"我问。

"说实话，我认为他会算计出在测验或论文上拿到自己想要的分数所必须做的绝对最低限度的功课，然后他就这样做了。"她带着淡淡的鄙视的神情说。然后她补充道："在他岁数更小一些时，有几次他真的搞砸了，因为他熬夜玩得太晚，所以没能完成课程项目,或者是他以为自己已经复习好了,结果他没有。我记得家里还为此争吵过几回。"她停了下来,然后她的口气中带着一丝钦佩说道:"然而我想这种事情已经有很长一段时间没再发生过了。"

我用诡秘的口吻回答道:"你哥哥可能耍了什么花招。"

研究表明,女孩们在对待学校功课方面比男孩们自我要求更严格[15],这就解释了为什么她们的成绩更好。事实上,许多同时抚养男孩和女孩的父母们都观察到了一种类似于娜塔莉描述的动态。他们的儿子以"滑翔"的方式顺利完成了学业,而他们的女儿则在所有课程上都把油门踩到了底。值得注意的是,很少有成年人真正质疑这些趋势。我们承认男孩们在学习上往往会采取颇有算计的做法;他们的目标是付出最小的必要努力来摆脱成年人的纠缠。我们承认女孩们不仅会按照我们的所有要求去做,而且往往会超出我们的期望。这两种模式都有问题。男孩作为一个群体,在学校的表现并没有达到他们应有的水准,而女孩作为一个群体,则经常因为学习生活中的一丝不苟和低效而感到压力重重。

说到学校的功课,我们需要帮助我们的女儿们向我们的儿子们学习,也需要帮助我们的儿子们向我们的女儿们学习。

我对娜塔莉说:"我知道成年人经常用负面语言谈论和你哥哥有相同学习习惯的学生。"她点头确认她明白我的意思。"我们会说他们偷工减料或者不够努力。然而在我看来,实际上你哥哥似乎已经学会了如何在学业上娴熟运用战术。"

正如我之前所说的,要说服认真学习的女生改变学习方式并不容易。很长一段时间以来,我鼓励像娜塔莉这样的女孩"别太紧张",或"放松一点",或"不要对自己太苛刻",但这些谈话从来都不顺利。事实上,我经常能感觉到和我谈话的那个学生被我的建议冒犯了。大多数女孩都很乖,不会直接指责大人在胡说八道,但我开始怀疑,如果我能读懂正在聆听我的建议的女孩的心思,我会听到她在说:"你在跟我开玩笑吗?我正在使用我一贯的训练有素的学习方法,而且我的成绩很好,但现在你却告诉我我做错了?!"

当我想到"战术"这个词时,情况有所好转,因为它表达了女孩们需要听到的:她们可以保持成功,与此同时变得更有效率。这个词的效用从娜塔莉的非防御性反应中得到了证实。

"是的,"娜塔莉说,"我哥哥不像我这样忧心忡忡……但他和我的成绩基本上差不多。"

"你在学校有这么好的基础,"我赞赏地说,"你已经培养出了一种令人难以置信的学习精神,受到了老师们的极大尊敬。我认为下一步你要做的就是精简取得你想要的成绩所需要使用的方法。这已经对你的英语课起作用了,我认为它也可以被应用于你的其他课程。"娜塔莉没有全心全意地表示同意,但是也没有表示不同意。

在学业上节省精力

多年来向娜塔莉这样的年轻女性提供咨询的经验影响了我本人的育儿方式。最重要的是,我开始意识到我不能等到我的女儿们上高中后再和她们谈论成为学业战术家的问题。我看到过太多刻苦认真的学生在初中毕业时认为她们应该在所有科目上始终将油门踩到底。一开始她们或许能够维持这样的产出水平,但如果这是她们所知道的完成学业的唯一方法,那么到高三时,甚至更早,她们将会发现自己已经筋疲力尽了。

在实际操作中,我们该如何教女孩们在学业上节省精力?作为第一步,我们应该和上初中的女儿们就她们想要获得什么分数进行开诚布公的对话。如果你的女儿对自己成绩的态度相当放松,那么学校就不太可能成为她紧张和焦虑的来源。在这种情况下,你可能会发现自己需要清楚地表达你希望她付出多少努力。然而如果你的女儿毫不犹豫地说:"我想在每一门功课上都得A。"那你就得给她上几节"驾驶课"了。

首先,你应该对你的女儿说:"好吧,我非常支持你取得好成绩,但有一件事情你应该知道。我决不指望你对所有课程都一视同仁,即使你在所有科目上都能取得好成绩。"这听上去似乎有点儿奇怪,但我从经验中了解到,女孩们可能会怀有一种双重误解,即认为她们应该始终全力以赴地学习,以及她们应该对所有科目都投入同样的热忱。

当然,也有一些女孩真的热爱学校里的所有课程,但这种学生是相当罕见的。大多数年轻人都有她们喜欢的课程和她们必须"忍受"的课程。不幸的是,我知道女孩们总是认为"好学生"应该在每一门课上都很有动力,然后会因为自己不能对所有的功课都感兴趣而自责不已。一旦打消了这种无益的想法,你就可以继续和女儿谈谈她在学业努力方面的战术部署了。

你可以说:"对于你真正喜欢的课程,你可能会发现刻苦钻研学习材料是一件很容易做到的事。如果你对这门课很着迷,也有时间全力以赴,那你就努力去做吧!然而对于那些你不喜欢的课程,或者当你没有足够的时间去钻研你喜欢的课程时,你就得弄清楚掌握教材内容或者得到你想要的分数需要做多少功课,然后就到此为止。"

尽管我经常宣称我们需要帮助女孩们在上高中之前,尽可能适应不费力地取得成功的学习方式,但是要我在为人父母时做到言行合一可不是那么容易的事。当我的大女儿上初二时,她发现数学课要求很高,占用了她过多的家庭作业时间。她是一个认真勤奋的学生,到了三月份,我可以看到她的压力水平在上升,因为她把这么多时间花在数学上,同时还要努力在所有其他课程上保持高水平表现。我知道我需要做点什么。

"那么,"我一边收拾餐具一边说,"你现在的社会学成绩怎么样?"

我女儿坐在厨房餐桌旁,回答说:"我想我已经拿到了98%的分数。"

"那我没记错。"我把一个盘子放进洗碗机,开始擦洗一口锅,"这个学年进行到这个时候,假如今后你社会学的所有成绩都能拿到B,你觉得你这门课最终还是能拿到A吗?"

"可能吧。"

"那么在社会学这门课上,"我告诉她,"我认为你应该开始少花精力,以便为数学课节省精力。"

我不停地擦锅,默默祝贺自己提出了上述建议,但就在这时，她问了一个问题，这个问题才是对我的真正考验。

"然而，如果到了年底，我的社会学拿到了 A，但是并不是'优秀'怎么办？"

幸好当时我正站在水槽旁，背对着她，因为我必须先和自己身体中的每一个渴望成为老师的宠儿、疯狂追逐分数的"好女孩细胞"做斗争，然后才能自信地说："如果你学到了你需要学的东西，那么这也没什么。"

然而她并没有就此罢休。

"如果我弄错了呢？如果我在社会学上放松了，结果成绩很差怎么办？"

现在，我紧紧捏着锅沿，连指节都发白了。我强迫自己用一种务实的语气说："初中的目的正是为了这个。这时候风险并不像以后那么高，所以你应该趁这个时候弄清楚如何在可能的情况下有效地滑翔，以及如何在你需要的时候把油门踩到底。你何不把这当作一个实验，看看结果会怎么样。"

在过去，我也曾努力寻找机会，将失望转化为一种机会，与我的女儿们谈论她们该如何引导自己的学业精力。当我在小女儿的书包里发现一份不太完美的测验卷时，我会尽量随和地说："这些单词很难！你现在知道该怎么拼了吗，还是说你希望我或者爸爸帮帮你？"如果她看上去为自己的成绩感到很抱歉，我会赶紧指出，她的分数只是告诉她哪里需要做更多的工作，哪里不需要。"你参加小测验，"我会说，"只是为了帮助你在学习上找到正确的努力方向。"

在理想的情况下，学校和教师也会尽自己的一份力量。如果我们回想一下那个假设中的女孩要求一篇论文延期，我希望她的老师能够像这样回答她：

"在我的这门课中，你已经完全掌握了所有知识，所以我愿意采取灵活的计分方式。如果你想写这篇论文，那么你几时完成我就几时收它。然而我知道你读过这本书，并且也理解了它，所以如果你希望我将你下一篇论文的分数翻倍计算的话，你可以不写这一篇。我感觉现在你应该陪伴在你的祖母身边。"这种回答听上去很像是天方夜谭，并不是所有老师对每个学生的要求都会给予这样的宽松度，但老师们还可以通过很多其他方式来尽自己的一份力量保护女孩们，使她们不至于在学业上过于劳累。

例如，请考虑以下这个常见场景：一个女孩有时会在自己已经得了高分的课程上做额外的学分作业。在我的理想世界里，这时候老师就应该努力去弄清楚她到底是怎么回事。这个女孩是真的如此喜欢这门课的内容以至于想方设法要参与其中吗？或者（也是更有可能）她是担心如果她不能完成所有作业，老师会对她失望吗？除非这个女孩解释说她就是太热爱这门课了，否则老师就有责任说："听着，就我这门课目前的进度而言，你已经不可能得B了。所以我认为，你应该把花在额外分数上的时间用来找点乐子，追求其他的兴趣，或者干脆多睡会儿觉。"

帮助女孩们培养能力和信心

我知道，关于我们应该如何引导女孩正确对待学业，我的提议颇为激进，但是这里涉及很多利害关系。如果我们任由自己的女儿始终处于过度劳累的状态中,那么她们就会对自己的敬业态度产生巨大的信心,但对自己的天赋却毫无信心。然而我们应该让女孩们在毕业前感到自己可以两者兼具。

当女孩们离开学校进入工作环境中时,缺乏自信可能会给她们带来真正的、非常负面的后果。记者凯蒂·肯(Katty Kay)和克莱尔·施普曼(Claire Shipman)在调查为什么女性在职场上并不总是能达到她们应该达到的高度时发现,展现自信似乎至少与具有胜任工作的能力同等重要。[16] 她们对男性占据大多数高层职位的工作场所的描述,听起来简直太像我们所了解的男孩和女孩们在学校里的典型表现方式了,"资历不够、准备不足的男性不会三思而后行。而太多资历过高、准备过度的女性却一直踌躇不前。女性只有在自己完美,或者近乎完美的时候才会感到自信。"

仔细想想,我们就会发现,学校可以成为男孩们的信心工厂。当男生成绩不好时,他们通常不会把这些失败当成是自己个人的失败;而当他们获得高分时,他们往往会为自己的成就感到自豪,不管这些成就是否来之不易。取得好成绩,尤其是在付出最小或适度努力的情况下取得好成绩,可以让男孩们确信他们在本质上是有能力的,并让他们感觉自己可以在关键时刻表现出色。

勤奋刻苦、追求完美的女孩们在学校的经历可能恰恰相反。她们永远不会知道在几乎不努力的情况下自己能做到什么,因为她们从没有几乎不努力过!即使她们获得了一个又一个的成功,女孩们也可能把这些成就归因于她们所知道的唯一的法宝:令人难以置信的自律和过度准备的意愿[17]。这种令人精疲力竭的方法有助于女孩们在学校取得成功，但也可能在未来伤害她们。事实上，肯和施普曼解释说，当惠普公司调查为什么高层管理职位上的女性数量如此之少时，他们发现，他们公司的女性只有在认为自己百分百拥有某职位所列出的资格条件时才会申请该职位。相比之下，当男人们觉得自己满足了60%的要求时，他们就会主动提出申请[18]。

当然，也有一些不称职的男人，他们尽管十分无能，但却凭借自信爬到出人意料的高度。他们不是我们要找的榜样。相反，我们应该把注意力集中在像娜塔莉的哥哥那样有能力的男人身上，他们利用自己的学生时代弄清楚什么时候需要努力学习，什么时候可以依靠自己的天赋。当他们进入职业领域时，他们会很自信，因为他们实际上已经花了数年时间测试自己天生本领的极限，不断校准为了成功必须下多少功夫的感觉。我们的女儿们在进入职场前也应该做过同样的事情。她们应该知道什么时候需要让她们的敬业精神发挥作用以及什么时候她们可以依靠自己的天赋滑翔。我们希望女孩们能够培养出真正的技能，知道在需要的时候如何努力工作，并且相信她们的天赋能够帮助她们迎接挑战。

与测验焦虑做斗争

测验焦虑不像广泛性焦虑症或惊恐障碍那样是公认的诊断。相反，这个词指的是女孩们在面对评估时经常感到紧张，而这会影响她们的学业成绩。女生通常可以通过调整备考方式来控制测验焦虑。我们的女儿们可能并不总能决定自己的备考方式,特别是如果她们经常得参加政府规定的考试的话,这些考试可能充满压力,非常耗时,而且在很大程度上超出了学生自己的控制范围。然而,当我们听任女儿们自己去想办法备考时,她们往往会通过重温笔记、重读教材,以及圈划课本中的重点段落来进行复习。在很大程度上,这些方法是在浪费时间。事实上,[19]对有效学习技巧研究的大量回顾发现,学生偏爱的学习策略是最低效的。

那么什么是有效的呢?

间隔练习和抽样测试。换言之,女孩们不应该用同一种方式一口气完成所有的学习内容,她们应该寻找积极的方式来熟悉考试材料,比如自我测试,而非只是被动地温习。不要等到你女儿对荧光笔产生了一种不自然的依恋才让她了解这个秘密。我再说一遍:女孩们不喜欢放弃那些看似有效的学习策略。

当测验即将来临时,鼓励你的女儿提前几天开始复习,并通过做考试样卷来启动备考工作。她可以在课本后面或网上找到试卷,或者她甚至可以自己编写一张。如果她做得很好,她会对自己的能力充满信心。然后,她就应该转向其他家庭作业或者去放松一下。如果说,她不能回答出所有的问题(这种情况更可能发生),那么进行样卷测试将帮助她了解她需要熟练掌握的内容。接下来就要开始进行间隔练习了。第二天(或是几天后,如果她有这个时间的话),她应该再进行一次样卷测试,看是否还有什么需要进一步复习。

总而言之,如果让学生先接触学习材料,然后放下学习材料,接着再回到学习材料上,这么做学习效果是最好的。而且,如果她们已经尝试过回答相同内容的具有挑战性的问题了，那么在实际参加考试时她们就不会那么焦虑了。在学习难度高的新内容时，从研读学习内容到解答针对相关内容的难题是一个相当大的飞跃，这就是为什么如果女孩们只是通过温习来进行备考，她们就往往会在考试时感到焦虑。为了让劳蕾尔学校的女生们明白这一点，我有时会开玩笑说，如果考试是为了测试她们复习笔记或圈划课本的能力的话，那么她们不妨通过做这些事情来备考，不过，在此之前，我希望她们能通过练习在考试时确实会被要求做的事情来为接下来的测试做好准备。

在你和女儿谈论做样卷测试的作用时，你可以解释说，我们绝不会要求她在没有事先彩排的情况下，从背诵戏剧台词直接跳到开演的环节。我们也绝不会不给她足够的时间参加训练赛，就要求她从获得基本的运动技能直接跳到参加重要比赛的环节。简言之，我们通常希望女孩们会学到新东西，通过练习所学的东西，然后——也只有在那时——把她们的知识运用于关键的情境中。

准备不足是导致女孩测验焦虑的一个原因，而怀疑别人认为她们没有能力完成任务则是另一个原因。考虑到女生在学校里的表现是如此优秀，你可能会奇怪为什么她们中居然有人会觉得自己将遇到无法应付的学业挑战。不幸的是，同时也是骇人听闻的是，研究表明，直到今天，在数学和科学课领域依然存在着对女孩及年轻女性的强烈而顽固的偏见。

在高中微积分班上，[20] 女生数量占了学生总数的一半；在大学预修课程中，修读科学课程的女生比男生多；而且从小学到大学，女生的数学和科学课成绩通常都比男生好。然而，最近几年发表的研究成果仍然表明，[21] 一些高中老师相信男孩学数学比女孩更轻松，即使女孩的考试和作业成绩与男孩旗鼓相当。在大学里，[22] 生物课班级有60%的学生是女性，[23] 然而这些班级中的男性错误地认为他们的女同学表现不如自己。

在最近的另一项研究中，[24] 研究人员要求大学科学课教授评估实验室经理职位的申请材料。这份由研究小组编造的申请书据称属于一名科学专业学生，教授们被要求评估申请者的能力，评估他们聘用该学生为他们工作的可能性，选择起薪数额，以及说明他们愿意为申请者提供多少职业指导。研究采用了经典的设计，一半的教授看一个叫作"约翰"的学生提交的申请材料，另一半看一个叫作"詹妮弗"的学生提交的相同材料。

现在我希望你能坐定。

科学课教授们更倾向于评价"约翰"称职，说他们愿意雇用他，给他的起薪远比给"詹妮弗"高，并说他们愿意在他的职业生涯中指导他。即使是生物学教授也对"詹妮弗"有偏见，尽管事实上，正如我们所知，女性占了他们学生的大多数。也许最引人注目的是，女教授和男教授一样，都更偏爱"约翰"。从本质上说，女孩和年轻女性在传统男性领域的实际表现究竟如何似乎无关紧要，她们的许多导师——甚至包括她们班上的男生——仍然对她们不太重视。

请容我再宣布一些坏消息。[25] 在学校受到歧视实际上会增加焦虑，压低考试分数。多年的研究告诉我们，女孩和年轻女性有时会担心她们的测验成绩可能会强化这样一种观念，即在数学和科学方面，她们不如男人有能力。正如你可能预料到的，担忧本身就会消耗心智能量，损害学习成绩。女孩作为一个群体要在传统的男性领域与大男子主义做斗争；那些少数族裔女孩还必须面对广泛的对其族裔整体智力的负面刻板印象，这会削弱她们在任何科目上的表现。简言之，课堂上的偏见会产生严重的学业后果。

现在，终于可以宣布好消息了。我们可以保护她们免受歧视的影响，办法就是帮助女孩们了解，无论她们是否认同那些负面刻板印象，成为歧视目标都会使她们感到紧张。[26] 谈论女生所面临的偏见貌似只会让事情变得更糟，但这样做实际上有助于保障她们在考试中的表现。当女孩和少数族裔学生感觉到人们对他们的期望值很低，但却没有意识到这会导致测验焦虑时，他们就会寻找其他方法来解释自己的紧张情绪。不幸的是，女孩们经常认为她们感到紧张是因为她们没有熟练掌握教材，或者是因为测验比她们想象的要难。一旦这些想法变得根深蒂固，女孩们的分数就会开始直线下降。

如果你怀疑你的女儿觉得自己有责任用她的考试成绩来维护自己的性别或种族形象，你就应该找个时间对她说："我知道你真的很关心自己的成绩，不仅仅是为了自己，也是为了让别人不低估你。如果这能为你提供动力，固然很好，但这也可能带来额外的压力。如果你觉得自己越来越紧张，那就不要因为担心别人会怎么想而妨碍你展示自己的知识。"最后，如果你担心你的女儿可能真的认同关于男孩在数学和科学方面胜过女孩的刻板印象，那就告诉她有大量的证据表明情况并非如此。[27] 用真实的、积极的刻板印象取代虚假的、负面的刻板印象也可以降低考试焦虑,保障考试表现。

不是所有女孩都能按照学校教的方式学习

对于那些能够依靠自己的勤奋努力取得好成绩的学生来说,学校的压力已经够大了。因此,毫不奇怪的是,对于那些大脑不适应学校常规教学方式的女孩们而言,学术世界经常让她们感到无比的恐怖。我们女儿的生活几乎完全是围绕着她们的学业来安排的,她们很快就能注意到自己的阅读、写作或数学能力并没有像同学那样得到提高。

患有未确诊的学习或注意力障碍的女孩通常在学习上全力以赴,但却发现她们的努力并没有取得应有的成功。于是,她们会花很多时间担心自己让父母和老师失望,或者是担心自己的不足会"露馅"。这种恐惧有助于解释我们在患有学习和注意力障碍的女孩中看到焦虑症发病率升高的现象[28]。再一次,紧张的情绪会影响思考,这就使学习方式不循常规的女孩们本就艰难的学业处境变得更加糟糕。

一旦发现女孩患有学习或注意力障碍,我们就可以帮助她们管理因为在学习上感到不合拍带来的不适感。不幸的是,当学习困难发生在女孩身上时,我们可能会忽视或迟迟不能意识到。一项针对二年级和三年级学生的研究发现[29],男孩和女孩出现严重阅读问题的概率是一样高的,但是男孩被老师推荐去做评估和接受帮助的概率要远远高于女生。当男生在学校感到沮丧时,他们经常会扰乱课堂，以自己的方式引起注意；与之形成对照的是，女孩们往往只会默默地烦恼，并试图掩饰自己在阅读理解上的差距。

与此类似，我们经常会遗漏对女孩注意缺陷多动障碍的诊断，部分原因是她们倾向于表现为注意力不集中[30]，而不是精力过度旺盛或冲动。我见过表现非常乖巧的女孩一直到高三才被诊断出有长期的注意力问题。她们得不到应有的帮助，直到最终在付出比同班同学多一倍努力的学习压力下崩溃，而她们那么做就是为了弥补在课堂上遗漏的所有信息。当一个女孩花很多时间为自己的成绩苦恼，逃避某些功课，或者是为了努力跟上别人而学得过于勤奋时，我们就需要在做其他事情之前，排除她是否有被诊断出的学习或注意力问题的可能性。要做到这一点，家长应该与老师们交流他们的观察结果，并尽可能进行诊断性评估，以便弄清楚究竟发生了什么事。

患有学习或注意力障碍的女孩应该得到来自家庭教师、教室设施、或许还有药物的共同支持。然而，并不是所有的学校和家庭都能获得这些关键资源，而且，即使有的学校和家庭能够提供这些资源，也会发现这些援助并不能消除由学习或注意力诊断带来的情绪挑战。这些女孩要适应自己与同龄人不一样的现实，而且每天都需要在学校捍卫自己，因此，即使是在最宽容、最体贴的学业环境中，她们仍然需要得到成年人的支持。

应对每天34小时工作制

有些女孩因为学习效率低而在学习上疲于奔命。有一些女孩的头脑明明像一枚方钉，但却拼命打磨自己，想让自己嵌进传统教育的圆孔里。另外还有一些学生则完全不知所措，因为她们报名修读一门学术课程，而这个课程的难度甚至可以挑战最有效率、传统上最优秀的学生所能达到的极限。对于最后这种情况，阿德里安娜就是一个很好的例子。

我第一次见到阿德里安娜是在她高三那一学年的二月底。当她第三次在课上请假以避免惊恐发作时，她的学校咨询顾问把我推荐给了她母亲。阿德里安娜的妈妈打电话联系我时说，她的女儿是一名优秀的学生，一个很棒的女孩，而且，用她的话来说，"极度有上进心，弦一直绷得紧紧的"。她解释说，她17岁的女儿渴望摆脱惊恐发作，并希望能够自己前来咨询。于是我们说好我先给她女儿做两次咨询，之后，她的单亲母亲再加入我们的咨询。

几天后，我坐在我的诊所里，对面是一个黑发女孩，长着一张甜美的圆脸蛋。当她开始描述在学校里让她不堪承受的一阵阵焦虑情绪时，她声音中的紧张感让她听上去就像一个厌世的成年人，而不是一个青春焕发的高中女孩。

当我问她我能帮上什么忙时，她急切地解释说："我必须摆脱这种发作。前一刻我还很好，接下来我会突然汗如雨下，头晕目眩，就好像要呕吐一样。"

"这种情况已经持续多久了？"

"第一次发作是在期末考试期间，就在放寒假之前。我在网上查了惊恐发作时的症状，知道自己肯定就是这个毛病。一月份学校重新开学后，我又发作了一次。我想，从那以后我已经发作过三四回了,而且它似乎越来越频繁了。"阿德里安娜一边心不在焉地玩弄着羊毛外套上的拉链,一边又补充道,"有时我可以待在教室里熬过去,但最近我觉得我必须离开教室,否则它永远不会停止。"

我让阿德里安娜描述一下她的焦虑是什么感觉,而那听起来确实像是典型的惊恐发作。然后我问她在家里的生活情况,和朋友们处得怎么样,以及她喜欢做什么事情进行消遣。她解释说,她有一个哥哥在同一所高中上毕业班。"我想我们处得很好——作为家人我们很亲密,因为家里只有我们三个人。我也有一些很要好的朋友,"她说,暂时显得轻松了一些,"但我们在校外碰不到一起。"这时,她那沉重的担忧感又回来了,她补充说:"因为我们没有时间。"

"这话是什么意思?"我问道,表达出我的惊讶,因为她似乎在暗示,17岁的她无法挤出时间过社交生活。

"哦,从上大学的角度来说,今年对我而言至关重要,每个人都在说高三有多糟糕,但我以前并没有真正理解。"阿德里安娜用逆来顺受的语气继续说,"因为我想上斯坦福大学,所以,你知道……一言难尽。"

"你能跟我说一说你每天的时间安排吗?"

于是,阿德里安娜说了她的课程安排——她选修了几门大学预选课程和荣誉物理课程,此外,她还参加了学校的演讲和辩论队。"现在,我们正在为州预选赛做准备。我负责做国际问题即席演讲。"她说,这种演讲会给学生30分钟时间准备一个关于时事话题的7分钟即席演讲,"我们每天放学后练习2个小时,此外我还要利用自己的时间收集新闻文章。"

"这听上去真的很辛苦,"我同情地说,"我不明白你是怎么做到把这一切都安排在一天24小时里进行的。"

"我知道,"她沉重地说,"这种情况很糟糕。"

阿德里安娜解释说,她的课程负担使她每晚要做多达6个小时的家庭作业:"哦,我还要为美国高等院校考试(American College Test, ACT)做准备。每周得花上几个小时,我还要花没完没了的时间做模拟测验卷。"

在阿德里安娜用就事论事的口吻列举自己日程表上的所有事项时,我的胃都揪紧了。"我觉得我想成为一名医生,所以每周有一天下午我要去克利夫兰诊所的一间实验室工作。夏天我在那里做全职工作,但是我知道我必须表明我对课外活动真的很投入,所以这工作我全年都在进行。除了在田径赛季期间。"

"田径赛季?"我问道。她看得出来,我不明白她所绘制的图景中如何还能插进一项体育运动。

"是的。"阿德里安娜说,现在她在紧张地摆弄夹克上的拉链,"州演讲比赛结束几天后就开始了。"她补充道,指的是今年最后一次演讲竞赛。

"那么,你的意思是,当演讲和辩论队的活动结束后,你是不能休息的?"

"是的。"她一边说,一边闭上眼睛,流露出一种彻底失败的情绪。

考虑到这只是我们的第一次咨询,而我希望阿德里安娜还愿意再回来,所以我试着缓和一下气氛。我用满怀希望的口吻问:

"周末怎么样?你能休息一下吗?"

阿德里安娜对我的无知很有耐心,再次回答说:"不,周末是我们举行每周演讲竞赛的日子,要占掉整个周六,我早上六点半就得出门,通常要到晚饭时才能回家。"

"没错!"我飞快地说,感到很尴尬,因为我忘记了非常耗时的每周演讲竞赛。然后我小心翼翼地问:"周日怎么样?你有机会休息吗?"

"大部分时间里,"她闷闷不乐地说,"我都在赶周六没能做的功课。"

我被阿德里安娜所说的一切弄得不知所措,以至于无法在我们的谈话中找到一个立足点,于是我尝试了一种非常适合青少年的方法:完全诚实。"光是听你的日程安排,"我怜悯地说,"都让我觉得我可能要惊恐发作了。我真不知道你是怎么付诸实施的。"

阿德里安娜感激并接受了我对她这种疲于奔命的生活的关心。虽然我很想问她进入名校是否真的需要保持这样一种令人筋疲力尽的日程安排,但我已经知道答案了。在过去的二十年里,对于那些眼光挑剔的高校而言,招生形势发生了巨大变化。如今,那些和阿德里安娜有着类似课程和活动安排的全优生,即使拥有热情洋溢的推荐信外加很高的分数,也可能在申请了许多竞争激烈的大学后却依然没有被其中任何一所录取[31]。

"听着,"我说,身子稍微向前倾了一些,"你能在高中阶段全力以赴,这非常好。我知道,如果你想尝试申请斯坦福或类似的学校,这些都是你需要做的事。然而我非常难过,现在的招生程序竟变得如此不合理。"

"我也是。有时我觉得我应该对这整桩事情放松心态，不要那么担心自己的结局。"接着，她又阴沉地补充道："然而我已经拼命努力了这么久，我觉得现在放弃是愚蠢的。"

"我明白。说实话，在这么大的压力之下，你会惊恐发作，我一点儿都不感到奇怪。我相信，当你完成了大学申请程序中最糟糕的部分后，症状就会缓解的。与此同时，我可以教你一些技巧，帮助你快速控制发作症状，这样你就不用离开教室了。如果这还不管用，或者见效不够快，我们还有其他选择可以尝试。"

尽管阿德里安娜的日程安排十分紧张，但事实上我还听说过更糟糕的。一些女孩在像阿德里安娜一样疲惫不堪地履行各种职责的同时，还需要打一份工或是照顾自己的弟弟妹妹。我的工作从来就不是告诉女孩们她们高中毕业后应该做什么，但我的工作始终是正视现实。以下就是名牌高校录取过程的现实：有机会被录取需要付出超人的努力。那些鼓励女儿申请竞争最激烈的学校的家长们应该清楚自己的要求意味着什么，而对于那些渴望进入眼光极度挑剔的高校的女孩们，应该有人帮助她们意识到她们在高中需要多么努力学习才行。

即便如此，我们仍然可以采取一些措施来减轻竞争激烈的大学录取过程带来的压力。首先，父母应该确保他们和女儿有相同的期望值。[32] 社会工作者勒妮·斯宾塞（Renée Spencer）和她的同事们通过卓越而深入的研究发现，当父母对女儿的大学期望高于女儿对自己的期望时，女孩们会感到特别大的压力。如果我们希望我们的女儿们将眼光挑剔的大学设为目标，那我们就应该确保她们自己也希望这样。虽然我们可能会失望地得知，女儿们的想法跟我们不一样，但两代人之间最好就上大学的前景进行一次开诚布公的对话或者是谈判，而不是面和心不和地继续假装大家步调一致。

其次，父母应该尽一切可能不让女儿把心思全放在一两所标准严苛的学校上。在目前的招生环境下这样做就像是下定决心要中彩票。如果一个女孩对自己想上的大学保持开放的心态，那么她就不太可能对大学录取的结果感到失望。尤其是近几年来，大学招生情况似乎经常违背一切逻辑。一个女孩有时会被一所希望渺茫的大学录取，但却被一所十分有把握的学校拒绝。或者某一所大学录取了一位同学，但却拒绝了另一位似乎更有实力的同学。

招生的赌博经常被财政援助的赌博挫败。不管女儿申请的是什么学校，很少有家庭能负担得起全额大学学费。然而，当财政援助、奖学金和贷款获批通知发来时，它们往往五花八门、遍地开花。理想的情况是，当一个女孩收到大学回复函时，她会有一些好的选项供她考虑。然而从现实的角度看，在申请过程刚开始的时候，她不可能知道自己日后会有哪些选项。

最后，我们应该尽最大可能认真考虑，当女孩们正在努力进入一所只会接受极小一部分申请者的大学时，我们还在要求她们做些什么。后来我才知道，阿德里安娜通常负责洗家里的衣服，但是她母亲中止了她的这项职责，直到演讲和田径赛季结束。同样，我的一个朋友很明智地在学业关键期不再要求女儿参加每晚的家庭聚餐，相反，他把餐盘送到她的书桌上，并且每天早上帮她打包午餐，这样她每天都能多睡一小会儿。

当然，一旦女孩们的日程安排从疲于奔命型恢复到理智型了，她们就应该重新担负起日常职责。这可能意味着你得等到夏天才能让你的女儿干比较多的家务活，或者说只有等她的功课量减少时才能要求她参加兄弟姐妹的乐队演唱会。然而家长们应该明白，要想上一所入学条件极其严苛的大学，他们的女儿就必须为这一目标近乎马不停蹄地持续工作。当然，也有一些年轻女性和她们的父母不愿以平衡合理的高中生活为代价换取成年后的所谓安全感。对他们来说，我有个好消息——或许他们并不需要付出这种代价。

改变我们对成功的定义

所有父母都希望自己的孩子成长为一个心态平和的成年人。这是一个值得追求的目标，但也是一个遥远而模糊的目标，它可能会让我们担忧女儿们会通过什么途径实现这一目标。当我们今天想做点什么来安抚我们对遥远未来的紧张情绪时，我们很容易假设，如果我们的女儿成年后有足够的钱，那么她就会感到安全，而如果她在职业上取得成功，那么她就会有足够的钱，而如果她能就读于竞争激烈的大学，那么她就最有可能在自己选择的职业上取得成功。这些假设都是善意的，但是，我们对中年满足感的了解并不支持这些假设。

2006年一项关于财富与健康快乐之间关系的研究告诉我们[33]，成年后的幸福感会随着家庭收入的增加而稳步上升，直至收入达到5万美元。高于这个水平，赚更多的钱造成的影响微乎其微。

关于什么因素确实会对生活满意度产生影响的研究告诉我们，生活满意度取决于一些并不一定涉及富裕或获得职业认可的因素。幸福感很高的成年人自我感觉良好[34]，有一种持续成长和学习的意识，并享受与他人健康而令人满意的关系。幸福的成年人认为他们的生活有意义、有方向，他们用自己的标准来衡量自己，并觉得自己的努力是成功的。

当然，没有一个通用的公式可以告诉我们该如何培养女孩，让她们长大后过上充实的生活。然而，如果我们把成年人的成功定义为健康快乐，而不仅仅是令人眼前一亮的成就或收入，我们就可以改进我们引导女儿前进的方式。归根结底，我们都希望女儿成年后感到满足和安全，无论她们是否上大学，在哪里上大学，选择什么职业，挣多少钱。

从实际的角度看，要让父母们不再像聚光灯一样关注女儿的学业成绩，这并不总是那么容易做到，尤其是现在我们这么多人都可以在网上监控女孩们的日常成绩和分数。如果我们能转变关于女孩们如何从目前的状况走向未来的结局的思想观念，那我们就可以改变我们的做法。

用通向满足感的途径取代飞弹发射

当我和女孩及其家人们谈论未来的人生时，他们似乎经常使用我所说的未来成功的"弹道"模型。在这个模型中，女孩是一枚火箭，高中毕业后就将被发射到世界中。她的成绩单、分数和课外活动为她的发射设定了坐标，如果她打算上大学，这些数据就将在她高三的秋季锁定。女孩和她的父母可能在整个高中阶段担忧她的最终轨迹会是怎样的,尤其是当她的发射角度随着最新的成绩和分数在时刻变化的时候。在这个模型中,最优坐标(那种可能把她发射进一所招生条件极其严苛的名校的坐标)表明她的未来将是光明的。不太理想的坐标(那种会把她送进一所不太有名的大学的坐标)就不会把她送上这么有前途的弧线。

事实上,这种模型几乎毫无意义。有很多人成功进入竞争激烈的大学,然后过着悲惨的生活。也有许多高中阶段坐标属于中游的人,日后过着很好而有意义的生活,无论是否取得高水平的学业或职业成就都是如此。其实我们都知道这个世界实际上是如何运作的,这就告诉我们,我们确实应该彻底抛弃那种飞弹发射模型。与其将学校视为一种锁定发射的环境,不如将其视为一条漫长且基本上自主的道路的早期延伸段。有的女孩会走直线,有的则会四处漫游;有些女孩会疾步迈进,而另一些女孩则会闲庭信步地前行。在前进的过程中,每个女孩都会做出很多决定——这就是父母可以介入的地方。

我在劳蕾尔学校最喜欢的一个学生家庭有两个截然不同的女儿从该校毕业。大女儿是个传统意义上的优等生,后来上了一所非常出色的大学。相比之下,小女儿从没有喜欢过那些所有学校都规定要上的基本学术课程,而且所有课程的分数都很平平,只有她钟爱的设计和金属加工课例外。作为一名高中生,这个小女儿在学校的所有空闲时间都在劳蕾尔学校的艺术工作室里磨练自己的技能,此外,她在其他课程上获得了说得过去的成绩,足以在毕业后进入设计学校学习。

在两个女孩的父母与学校的多年互动过程中，我对他们变得非常了解。我十分敬佩他们，因为当我们在谈论他们的两个女儿时，他们总是关注女儿会成为什么样的人，而不是女儿会从事什么样的工作。在暑假期间，他们鼓励女儿们在休息和各项能够培养兴趣爱好的活动之间保持平衡。当他们的大女儿和一个将她耍得团团转的男人约会时，他们强调她的爱情和友谊应该是充满温暖和信任的，让她对自己感觉良好，并帮助她成长和改变得更好。当他和两个女儿谈论未来时，他们强调说，她们应该寻找让自己觉得有意义，让自己能为自己的努力感到自豪，并让自己能在自己真正热爱的领域成为内行的工作。和我所认识的许多父母一样，他们定义成功的依据是追求健康快乐，而不是传统的成就标志。

可以理解的是，父母们可能会担心，强调长期的生活满意度而不是学业成功会损害女儿的成绩，但研究表明并非如此。事实上，最近的一项研究给了学生们一份价值观清单[35]，要求他们对他们心目中父母的优先考虑事项进行排序。一些价值观与学术和职业成就有关，另一些价值观与培养与他人的联系有关（我们知道，这有利于整体的健康快乐感）。这项研究追踪了这些学生的成绩，[36] 其结果重复了其他研究的发现：当父母对孩子与他人关系的重视程度不亚于重视孩子的学业表现时，孩子的学习成绩不会受到影响。重要的是，同一项研究还表明，那些认为父母非常挑剔并且强调学业和职业成就比什么都重要的学生是压力最大的。

如果想让我们的女儿们在学业上少几分殚精竭虑，多几分享受，最好的办法或许就是用"通向满足感的路径"来取代"飞弹发射"模型。当一个女孩得到一个很差的分数时（这是在所难免的事）她会担心自己的弹道被破坏了。要想让她平静下来，我们可以指出，生活的真谛就在于犯错后改正错误。如果她担心自己没有达到班上那些学霸型学生的水平，那么我们可以指出，她的终极幸福更多地取决于良好的自我感觉、人际关系，以及如何充分利用自己的天赋，而不是她在学校里的成绩。

简而言之，要提醒我们的女儿，在生活中取得成功远比在学业上取得优异成绩重要得多，这样教导她们有很多好处，而没有任何坏处。考虑到这一点，现在就让我们把注意力转向围绕着女孩们的更广阔的世界。

Under Pressure

第六章

女孩在文化中

美国的文化对女孩和年轻女性有着顽固而不公平的期望：我们希望她们和蔼可亲、乐于助人、富有魅力。所有这些理想都会给女孩们带来压力。解决这些问题的第一步是要认识到这些为女孩们设置的不合理的标准。下一步，我们应该意识到我们是如何在家中不知不觉地复制美国文化为女孩们设置的陷阱的。然后，我们必须教育我们的女儿们去质疑具有破坏性的社会习俗，哪怕她们发现自己至少有时候仍会遵循这些习俗。最后，我们可以向女儿们指出切实可行的解决方案，让她们在不放弃自己内心宝贵东西的前提下用正确的方法应对文化。

首先，让我们来看看如何帮助我们的女儿们学会保护自己的时间和维护自己的利益。

被默认设置为顺从

十月初的一个星期三下午,一个叫尼基的初三女孩端坐在我诊所里的沙发边沿。她从四岁就开始练体操,现在她脊梁挺得笔直,谨慎地看着我。我们是在她母亲的建议下见面的。尼基虽然同意跟我见面,但是很显然,坐在我的办公室里让她感到非常紧张。所以寒暄了几句之后,我就主动进入正题了。

我说:"你妈妈给我打电话时说你一直非常焦虑,以至于睡不着觉。"

尼基点点头。她那梳得高高的马尾辫活泼地上下摆动着,和她那沉闷的表情形成奇怪的对比。她轻声说:"是的,大多数晚上我在十点半左右上床睡觉。尽管我已经筋疲力尽了,但有时我会一直睡不着,直到凌晨两点甚至三点。"她的语气既礼貌,又紧张,又疲惫。我对于这种混合型语气十分熟悉,因为到我这里来做咨询的少女们经常都是这种语气。

"那么那段时间里会发生什么事?"我好奇地问,"晚上睡不着觉的时候你在做些什么?"

尼基结结巴巴地说:"大多数时候,我的脑子在飞转。我会思考当天发生的事情,我会回顾我必须做的功课以及我和朋友们的谈话。"现在,她开始适应我这里了。她继续说:"我会担心我在网上发了一些愚蠢的东西,或者说了一些伤害到别人感情的话。然后我会很亢奋,完全无法入睡。"

"你和你父母谈过这些吗?他们知道你是因为担心什么事而睡不着觉吗?"

"他们知道我睡不着,但是,"她向我倾诉道,"我不想和他们分享我的想法,因为他们只会叫我别担心。我又没法把自己的想法关掉……当我真的睡着了,那也只是因为太累了,最终昏过去了。"

在短短几次咨询过程中,尼基的紧张情绪降低了好几个级别。见面时,我们练习了放松技巧,帮助她清除杂念,我们还找到了让她安心的方法,让她知道即使她伤害了别人的感情,也可以采取措施补救。不久,她就能够在大多数晚上十一点半或午夜前平静下来并入睡了。

很快,尼基在我们见面时就变得更自在了,在 11 月中旬一个晴朗的日子里,咨询刚开始她就急切地主动说:"情况好多了。我现在很快就能睡着了。"

对此我很高兴,但也对她的突然好转感到惊讶:"真的?听你这么说我很高兴。发生什么事了?"

"我的一只脚疲劳性骨折。"她解释道,令人惊讶的是她显得一点儿都不担心,"医生说我有六周不能上体操课。这改变了一切。"

"怎么会呢?"我问。

尼基用实事求是的口吻地回答说:"哦,因为现在我不必总是为学校里的事情疲于奔命了。"

我们的咨询主要针对尼基的失眠,几乎没有讨论过她的学校生活。我知道她是个好学生,但是当我们没在讨论她的睡眠问题时,我们主要是谈论体操或是她朋友圈里的社交事件。听说学校也是个问题,我感到很惊讶。

"你为什么要为学校里的事情疲于奔命?"

于是她向我描述了自己每天通常是如何度过的。早晨都是手忙脚乱的,因为她会尽可能赖床,以弥补失眠的漫漫长夜。她会努力在校车上完成剩下的功课,但是在大多数日子里,她每天从一开始就觉得自己远远落后于他人。当她晚上九点左右从体操房回到家中时,她会尽可能飞快地做功课,直到累得无法集中注意力。由于她每周工作日和周末都要花很长时间练习体操,所以她实际上不可能在学习上保持最佳状态,而且她总是要担心自己的成绩。"我仍然能够拿到不错的分数,"尼基解释说,"但我的日程安排很辛苦。"

在她说话的时候,我坐在那里很想狠狠踢自己一脚。作为一名有着 20 多年从业经验的心理医生,我居然忘记了有关焦虑的最基本常识。我本应该就尼基的睡前忧虑多问一些她的日常情况的,因为她的故事——现在已经被和盘托出——完全符合我们对心理压力的了解。她晚上无法安定下来,是因为她大部分时间都被推至自己的极限。之所以普普通通的问题会让她感到是灾难性的,是因为在她上床之前她的神经已经被蹭伤了。

"如果你停止练体操,你会感觉好些吗?"我问道。

"哦,是的。"她说,然后又干巴巴地补了一句,"然而我不能退出。"

"为什么不能?"

"哦……我试着终止过……但没有成功。"

我紧缩双眉,歪着头,表示我对她的说法感到既困惑又好奇。

尼基详细地解释道:"我和那个经营体操房的女人关系很好。初二结束时,我告诉她,我很担心在高中会有很多功课要做,所以我正在考虑停止练习体操。我本以为这没什么大不了的，但我可以看出她的感情受到了伤害，她说她真的不想让我放弃这项运动。"接着，尼基继续说："我不想让她失望，所以几天后我告诉她我改变主意了，我想坚持下去。就在那之后，她又建议我给岁数更小的学生上一节课，我就是没法拒绝她。"

"你花这么多时间在体操房，同时又想认真对待学业，你的父母看到你为此付出的代价了吗？"我温和地问。

"是的。"她点点头，语气缓和下来，"我知道他们对此很担心。我爸妈告诉我，他们希望我有更多的休息时间，获得更多的休息。然而我真的不想让我的教练失望。"

我和尼基都知道，等她一回到体操房，睡眠问题就会卷土重来。然而她觉得她无法退出，而我们也无法给她的一天增加更多的时间。尼基面无表情地看着我，显然觉得自己已经陷入了一种不堪一击的境地。目前看来，她唯一的解决办法就是在焦虑不安中再熬上三年高中生活。

虽然尼基准备接受这种可能性，但我没有。

我们期望女孩们会照我们要求去做。一般来说，我们对男孩们的期望不是这样。关于这种双重标准的证据可以从我们专为女孩准备的大量词汇中找到，而对男孩则没有这些词汇，他们会拒绝我们的要求。

不肯满足他人愿望的女孩往往要冒被人指责的风险，往最好里说，也要被扣上不体谅人的帽子。当一个女孩不愿按照别人的要求去做时——比如一个在赶时间的女孩拒绝去帮助清理不是她弄出来的烂摊子，根据她周围的情况，她还可能被称为狂妄女子或是恶妇。男孩即使真的不体谅人了，他们的行为也常常被原谅，因为"男孩就是男孩嘛"。对于一个不讨人喜欢的男人，最严厉的称呼可能就是混球（dick），但即便是这一称呼，比起用于女性的同类词语来，[1]似乎也没有那么恶毒、持久，而且不知何故听上去颇为轻快。

所以，我们的女儿们会发现自己处于一种非常艰难的境地。如果她们同意去做所有她们被要求去做的事，这既不可持续，也毫无意义。然而她们知道并且害怕，如果她们拒绝他人的要求，她们就可能收获他人的失望和讨厌的骂名。

难怪她们会感到紧张和焦虑。

更糟糕的是，[2]女孩比男孩更容易陷入令人备受煎熬的反刍思维（rumination）中。不管她们是否意识到了这一点，许多女孩（和成年女性）都将宝贵的精力投入一条思考通道中，不断焦虑地评估日常小选择所造成的影响："如果我拒绝参加朋友的派对，选择留在家里，我的朋友会不会觉得我很刻薄？""当我说本周我只能做一个小时的同伴辅导而不是通常的三个小时时，我的导师是否觉得我很自私？"

简单地说，我们的女儿们已经接收到一个强大的、通常也是不言而喻的信息，那就是她们应该迁就别人。这让很多女孩有了和尼基一样的感觉：疲于奔命，极度紧张，日常生活与自己的愿望或兴趣完全格格不入。

然而并不是所有女孩都有这种感觉。在我的从业实践中，在我为劳蕾尔学校做的咨询工作中，以及在我与美国各地女孩的谈话过程中，我认识了一些女孩，她们能轻松地拒绝他人的要求。

在她们不打算参加一个派对、不想承担某些义务，或是做出任何其他可能让他人失望的合理决定时，她们不会让自己承受精神上的折磨。而且我发现她们都有一个共同点，即她们不像大多数同龄人那样紧张和焦虑。

我们希望我们的女儿们能成为自身最大利益的自信捍卫者，而不是浪费宝贵的精力去担心做出理智的选择来保护自己的时间会遭到反对——尤其是在男孩绝不会感到担忧的情况下。我不是那种对根深蒂固的文化力量不屑一顾的人，我也没有天真到认为，作为一个独立的父母，我们可以轻松改变家庭之外的性别歧视世界。尽管如此，我们仍然可以做很多事情来挑战双重标准，让我们的女儿们不会在双重标准的影响下变得紧张焦虑。

从小被教育要取悦他人

抚养女儿让大多数父母成为文化消防员。我们开始强烈地意识到性别歧视，我们不希望自己的女儿被它的火焰灼伤。当我们无意中听到女儿和她的学前班朋友们谈论未来的生活时，我们会插进去提醒她们，她们可以成为任何她们想要成为的人。如果邻居家的孩子取笑我们女儿的"男孩头"发型，我们就会开着隐形消防车冲过去，打开隐形水管，给他浇上一头冷水："有些男孩留长发，有些女孩留短发——她剪这个发型很好看！"我们的目标是培养坚定而能干的女孩。我们希望她们有自己的观点，并用坚定的信念来表达自己的观点，而且，我们对天发誓，我们是认真的！

直到我们自己开始向她们提出要求为止。

我们是认真的,直到我们女儿的一个三年级同学在电话上留言邀请她过去参加玩伴聚会,而我们的女儿对我们皱起鼻子说她不想去,因为她不喜欢那个孩子。这时候我们会说:"哦,别这样……她没糟到那个地步。"或者:"那你想邀请她来我们家玩吗?这样是不是会让你觉得好些?"或者:"换了你是她的话,你会有什么感觉?"

我们努力劝说女儿,让她答应对方。

为什么?

不管你愿不愿意,总之我们自己也是我们文化的产物。我们每个人,包括我在内,都能在一毫微秒之内从消防员变成纵火犯。因为,正如女孩们害怕假如不讨人喜欢就会遭到闲言碎语的攻击,我们自己也害怕那些闲言碎语。我们想杜绝一种可能性,即我们的女儿被形容为粗鲁、不体贴,或者更糟的是,被称为刻薄女孩。

当然,有很多事情是女孩们不想做但却不得不做的,比如去拜访一个让人感到无聊的亲戚。有时她们甚至需要微笑着做这些事情。本书很快就将对诸如此类的情况进行讨论,看看我们应该如何与我们的女儿谈论这些问题。目前,我们应该注意到,我们自己也在无意中加入了性别歧视合唱团,要求女孩们顺从那些她们其实没必要服从的要求。其实,我们应该利用这些情况教女儿如何应对,因为这对我们保护女孩免受压力和焦虑侵扰的努力至关重要。我们的女儿们不应该同意去做很多让她感到不开心的事情,我们也不应该错过帮助她们学会熟练地说不的机会。然而，在美国的文化中，这是一个复杂的出人意料的问题。

不盲目效仿男性的说话方式

无论是学会自信地说不，还是找到其他方法来维护自己，总之，我们的女儿们需要知道如何挺身捍卫自己。关于一个有能力的年轻女性应该如何说话，我的脑海中一直有一幅清晰的画面，所以，我过去曾鼓励女孩们始终采取直接、坦率、毫无歉意的姿态。然而，随着时间的推移，我逐渐意识到，这种建议听起来固然很棒，似乎很有道理，但它带来的复杂问题却超出了我们通常愿意承认的。现在就让我们来逐一探讨这些问题。

首先，女孩们应该始终以大胆和直接的方式发表意见，该建议是基于一种由刻板印象得出的观点，即男孩和男人们颐指气使，而女孩和女人们则温顺服从。从这一假定出发，我们自然会得出结论，即要让我们的女儿们在世界上获得一种更平等的地位，我们就应该鼓励她们像我们的儿子们那样说话。然而，任何一个花时间接触过女孩和男孩的人都知道，那种潜在的夸张形象完全不符合现实。

女孩们的形象根本就不是温顺服从。你可能已经注意到了，当你的女儿不想清空洗碗机，不想穿你喜欢的那件上衣，或是不想去上你敦促她去上的舞蹈课时，她会毫不犹豫地告诉你。只要女孩们不担心损害人际关系或是在社交圈引起强烈反应，她们往往很善于直截了当并且毫无歉意地说不。

男人们也并不总是颐指气使。事实上，大多数男孩和男人都拥有足够的社交技巧去礼貌地拒绝要求,采取必要的委婉态度。如果被要求参加《红色漫游者》游戏,但先前已经答应过要玩冰冻人游戏了,这时很多男孩会友好地说:"我刚刚答应那些小伙伴玩冰冻人了。以后再玩这个怎么样?"大多数男人都会用和蔼的态度拒绝一次午餐邀请,说:"我真的很想和你一起吃午饭,但我实在忙不过来了。谢谢你的邀请。"

的确,比起女孩和女人来,男孩和男人愿意的话,可以享有表现唐突或不礼貌的自由。最近当我和一位朋友在外面散步锻炼时,我就想到了这一点。她和她丈夫都是外科医生,当我们聊到男人和女人在工作场所要遵守的双重行为标准时,她脱口而出:"哦,是的!如果我说了我丈夫在手术室里说的一些话,我会被解雇的!"她停顿了一会儿,然后又悲哀地补充道:"并不是说他应该说那些话,而是说,他说那些话就没事。"

关键问题在于,如果我们就女孩应该如何与人沟通所提出的建议是基于对她们和男孩已经在使用的沟通方式的错误刻板印象,我们就可能偏离轨道。除此之外,就算男人们真的在采取一种普遍的、完全直言不讳的做法,我们是不是就应该效仿他们呢?

关于我们对女孩们提出的要保持大胆而直接的态度的建议,它除了是建立在有问题的假设的基础上,而且还会带来另一个复杂的问题:直言不讳可能适得其反,特别是对女孩们而言。[3] 有大量的研究表明,当职场女性采取被认为是男性化的行为和说话方式时,她们会遭到批评。同一种风格,在男人身上出现会被认为是坚定自信,在女人身上出现则常常被称为"固执己见"。同样的行为，在男人身上出现会被认为是直率，在女人身上出现则通常被视为是粗鲁。同样，善于表达的男人会被形容为充满激情，而善于表达的女人则会被视为感情冲动。

我们有很好的证据表明，美国文化会对被视为不讨人喜欢的女孩采取严厉的态度。美国国家妇女法律中心（National Women's Law Center）的一项研究从种族的角度研究了学校纪律方面的各项比率，揭示了关于人们期望女孩如何说话的潜规则。通过比较从幼儿园直到高三的公立学校对非洲裔美国女孩和白人女孩的惩罚情况，这份既令人信服又令人沮丧的报告发现，尽管这两个群体的违纪比率是一样的，但是非洲裔美国女孩被停课的可能性是白人女孩的 6 倍。

研究报告的作者们将不平等的停课率归结为无意识的种族偏见（这在许多研究中都已有记载[4]），它导致学校教员认为非洲裔美国女孩的敌意特别强烈。例如，非洲裔美国女孩可能因为公开反对老师而受到惩罚，而做同样事情的白人女孩则可能被完全忽视或被温和地纠正。根据这份报告[5]，非洲裔美国女孩受的惩罚多得不成比例是因为，她们被认为是在挑战"社会对什么是恰当'女性'行为的主流刻板印象，（因为）当某件事情看起来不公平或不公正时，她们会表现得坦率、坚定，并大声说出来"。

不用说，我们不仅要打击不公平地针对非洲裔美国女孩的种族主义做法，还必须打击惩罚整个女孩群体的性别歧视文化结构。我们的斗争手段之一是鼓励女孩们保持坚定自信的态度，毫不保留地说出自己的看法。话虽如此，我们也不应该给女孩们造成一种印象，即以强势的态度表达她们的观点永远都很奏效，因为我们知道，这样做有时会付出高昂的代价。

如果我们能记住我们的女儿们除了踌躇不语和直言不讳之外还有其他有效的选择，那么我们就能在最大限度上帮助她们。事实上，说到沟通，我们的女孩们都是精明而多才多艺的战术家，而我们则应该承认她们的确是这样的。

我们的女儿们已经看到她们和男孩们拥有的自由程度是不一样的，所以我们应该和她们讨论她们的观察所得。下一次当你的女儿提到学校里的某个男孩挑战老师，或是不举手就脱口说出答案，你不妨问问她这个男孩是否受到了处罚，以及换做女孩这么做的话是否会受到不同的对待。问问她对在坚定自信的男孩和女孩、白人女孩和有色人种女孩之间存在的双重标准有何看法，然后问问她认为她本人以及我们，可以针对这种双重标准做些什么。

和女儿就谁能够说什么以及能够怎么说的话题坐下来进行一次长时间的谈话，这或许更可能是许多类似谈话的第一次。这种讨论的目的不是告诉我们的女儿如何控制自己。相反，我们希望帮助女孩们认识到并努力应对她们面临的不平等。然后，她们可以自行决定什么时候想通过正面攻击取得优势，以及什么时候采用较委婉的方式会对她们有利。

挑战语言管制

告诉我们的女儿应该更大胆、更直接，这一笼统的建议还存在另一个问题，那就是它是建立在对女孩说话方式带有偏见的评判之上。大众媒体上有一类文章屡见不鲜,[6]它们认为女性道歉太频繁,[7]女性固守一种被称为"升调"的上扬语调,[8]女性的语句中充满了"只是"这个词,从而破坏了自己的权威感。毫不奇怪,女孩和女人的善意支持者们敦促她们摈弃这些语言习惯,以便听上去更坚定自信。例如,2015 年,[9]女权主义者娜奥米·沃尔夫(Naomi Wolf)发表了一篇文章,告诫年轻女性放弃这些"破坏性的说话模式",重新找回自己"强大的女性声音"。

然而,语言学者对女孩本身及女孩们的说话方式有不同的看法。事实上,就在沃尔夫的文章发表三天之后,女权主义语言学家德博拉·卡梅伦(也就是在本书第四章质疑我们预防约会强奸的标准建议的人)发表了一篇尖锐反驳的文章[10]。卡梅伦指出,当我们批评一个被剥夺了权利的群体的说话方式时,我们只是在寻找一种新的方式来表达既定的偏见罢了。具体地说,她断言沃尔夫那种认为女性在用自己的说话模式削弱自己权利的论点相当于"本末倒置的逻辑,这有点像在说,只要非洲裔美国人不再说非洲裔美国人式的英语,警察就不太可能开枪射击他们"。卡梅伦说:"人们会说他们的评判纯粹是针对说话方式的,但实际上他们是在评判说话者。"

重要的是,卡梅伦还指出,我们所批评的女性说话方式通常也同样被男性使用。卡梅伦强调说,年轻女性往往处于语言变革的前沿,因此有时她们会比其他所有人都更早养成新的语言习惯。尽管她们的语言创新经常受到批评,但她们的新说话方式通常不久就会成为主流。

女孩们可能会(据说也只有她们会)因为自己的说话方式而

遭到贬低，甚至受到处罚，但这并不意味着问题出在她们身上。用卡梅伦的话来说："教年轻女性适应那些经营律师事务所和工程公司的男人们的语言偏好，也就是语言偏见，这是在为父权制服务。这等于是承认女性的说话方式有问题，而不是对女性说话方式的性别歧视态度有问题。"

卡梅伦和她在学术语言学领域的同事们提出了一个令人信服的论点[11]：现在是时候改变我们对女孩们说话方式的看法了。一旦我们抛开监督女孩语言的善意冲动，我们就可以认识到我们一直倾向于对许多说话方式加以批评，而这些说话方式（比如一个女孩说"我太抱歉了，我不能参加你们的派对，只是这个周末我们要做太多的事情"）其实是遵循了受文化约束的拒绝模式，每一个有礼貌的人都会使用它们。除了批评女孩们的说话方式，我们更应该认识到，她们是在凭借直觉运用一套复杂的语言策略来拒绝别人，而不会伤害感情或损害宝贵的人际关系。

这并不是说你必须停止憎恶你最憎恶的词句——每一个在意语言的人都有自己最憎恶的词句。比如说我，就认为使用"影响"（impactful）一词应该算一项重罪。但是，说到女孩们的说话方式，我们不妨从批评转向好奇。当我与一位高中教师及她的几个学生讨论女孩们的语言使用情况时，这位老师感叹道："我最恨的就是女孩们成天说'对不起'，我总是鼓动她们别再说了。"这时一个女孩立刻做出反应："我知道我'对不起'说得太频繁了。"

我用一种中立的、好奇的语气问女孩："你觉得你为什么经常说这句话？"

"我也不确定，"她说，"其实我并不是真的觉得抱歉。我想我会在不想去做什么事情的时候使用它，比如和某人一起去上课，我会说'哦，对不起，我得先去一下我的储物柜'，或是诸如此类的话。"

"这很合理，"我回答道，"你是在想办法来缓和你的'不'。还有什么其他句子也能起到这个作用？"

坐在我们对面的一个女孩插了进来："你可以说'哦，我很想跟你一起走，但我还有事情'。"

另一个女孩幽默地说："真倒霉！今天不行。"

"哦，是的。"喜欢道歉的那个女孩感激地说。然后她补充说："我很乐意使用这两种句子。"并感谢同学们提出的有用建议。

让我们先假设我们的女儿们说话是有一定逻辑的，哪怕她们的说话风格让我们觉得不对劲。女孩们非常善于反思自己的表达方式。我们应该毫不犹豫地问她们选择某种语言的背后动机，而且，如果有必要，帮助她们考虑其他的可用选项。

语言工具包

词语可以被当成锤子来使用，有时也确实应该如此。然而就沟通交流而言，总的来说，最好能配备一把瑞士军刀那样的东西，因为在不同的环境中我们需要用到不同的工具。那些能用一大堆不同的说话方式表达拒绝的女孩们不太可能被别人的愿望牵着鼻子走，也不太可能担心在拒绝别人后遭到咒骂。作为父母，我们应该帮助我们的女儿培养瑞士军刀式的语言技能，使她们既能够使用强势而直接的语言，也能够使用礼貌而体贴的语言，或者是任何她们认为当时情境下需要使用的语言。

虽然我通常不喜欢为我治疗的来访者设定咨询议题,但我为尼基接下来的一次咨询安排了一个讨论计划。我们坐定之后,我立刻说:"我一直在思考我们上次最后聊到的那个问题,就是你觉得你没法对你的体操教练说不。"尼基点点头,显然很好奇我究竟打算说什么。"那我这样说对不对:你觉得自己陷入了困境,是因为你珍视你和她之间的关系,而当你说你想退出时,你觉得她受到了伤害?"

"是的。"尼基说,"我认识她很久了,从她脸上的表情就可以看出她很不高兴。"

"我有一个解决方案可供考虑。这个方案不是来自我作为心理学家的工作,而是我从一位专门研究谈判的学者那里学到的。他提出了一个非常有用的方法,既能拒绝别人,[12]又能真正改善你与他们的关系。"

尼基显然很感兴趣——有疑虑,但也很感兴趣。

于是,我向她解释了一个简单的公式,可以帮助她弄清楚她想做什么,以及她想如何向教练传达她的愿望。这个公式就是:"是-不-是"。第一个"是"反映了这样一个事实:当我们拒绝某件事情时,是因为我们想对另一件事情说"是"。"你,"我对尼基说,"之所以想放弃体操,是因为你想给自己更多时间去做其他事情。当你告诉教练你想退出时,你其实是想对更多的睡眠时间和较少的学业压力说是。"

尼基对我伤感地微微一笑,就好像我正在描述某种无法实现的幻想。

"在公式的第二部分中，你的'不'来自那第一个'是'。你要拒绝教练，这样你就可以不那么手忙脚乱了。然后，从这一点出发，你可以得出公式中的最后一个'是'——这是指你能够提供的条件。"

"好吧，"尼基以一种务实的口吻说，"但是我应该对教练说什么呢？"

"既然我们已经列出了你的是-不-是，你就可以按照下面这样的套路说'自从我受伤后，我就没来过体操房，但是我的睡眠时间增加了，在其他方面感觉也好多了。所以，等我的脚痊愈后，我不会再去参加比赛了，但我还是愿意给孩子们上课。'"

尼基犹豫了一会儿："我觉得这样说挺不错，但说实话……我甚至不敢说我愿意去做最后那个'是'。我真的没有时间给小孩子上课。"

我感谢她的坦率，并提供了另一种尝试方案："这样行不行，保留第一部分，但补充说明'等我的脚痊愈后我不会归队了，但我很想跟您保持联系。我是不是可以来看一些比赛？这样我就能见到您并且为体操队加油了。'"

"这个，我可以试一试。"尼基回答道，她的表情变柔和，肩膀也放松了，"而且这也的确是我想做的事情。"

女孩们很在意自己与他人的关系，除非我们教她们如何采取别的做法，否则她们往往会牺牲自己，[13] 以免破坏一段有意义的关系。除了上面那则巧妙的"是-不-是"公式，我还会很积极地鼓励女孩们运用她们自己的聪明才智。通过开一个温和的玩笑（比如："真倒霉！今天不行。"），一个女孩可以在说"不"的同时，活泼地表达出她对被拒绝者的喜爱之情。

在女孩的语言瑞士军刀中,最有效的工具或许是巧妙地使用语调,因为我们都知道,语调在交流中起着核心作用(打个比方,忧郁的曲调配上快乐的歌词依然是一首悲伤的歌)。作为父母,我们永远不乏展示语调的超强力量的机会。再以我们的女儿接到她不想参加的玩伴聚会的邀请为例,当女儿站在我们身边时,我们可以给对方家长回电话,以友好而坚定的口吻说:"谢谢你们的邀请。很不幸,我们没法赶过去。"

下一次,当你的女儿想要拒绝某件事情时——也许她愿意和朋友们一起去看电影,但却不想参与去朋友家过夜这种带来社交负担的事情——你应该帮助她找到合适的措辞,但要优先帮助她确定合适的语气。很多女孩都很擅长让语气具有不同的意味,通过练习则会变得更加娴熟。一旦你们找到了合适的措辞(比如说:"我很想去看电影,但我不能去过夜。")就让你女儿用各种不同的语调来试说,使这句话具有众多不同的含义。完全相同的一句话可以说出粗鲁、害羞、尖刻的意味,还可能以一种温柔的信心传达出不能去过夜她虽然感到遗憾但却并不内疚,以及她对于能和朋友们一起去看电影感到由衷的喜悦,而这正是我们要达到的目标。

总的来说,我发现女孩们在充实自己的口头语言工具包时很乐意接受指导,她们很乐意接受那些既可以让她们拒绝别人又不会伤害感情或损害宝贵的人际关系的策略。尽管如此,我还是遇到过很多女孩,她们让我注意到拒绝他人时会遇到的另一个问题,她们认为这才是真正的障碍——"如果我的朋友问我为什么不能去过夜，我该怎么办？"她们可能会问。

透明的女孩

在为一群六年级女生举办一个关于如何拒绝不受欢迎的要求的研讨会时，我无意中与听众中的一名学生进行了一次颇具批判性的谈话。事情始于我问所有人，如果周五晚上被一个同学邀请一起出去玩，但自己却不想去，该怎么做。我们首先尝试运用"是－不－是"公式（例如，"我不能过去，因为我想早点睡觉，但我们能在周一一起吃午饭吗？"）。然后，我们练习用各种语调说："下周五再出去怎么样？"接着我又提出了另一个选项。"如果你们愿意的话，"我建议道，"你们可以说'谢谢你想到我，但不幸的是，我已经另有安排了。'"

这时，一只手举起来，于是我请看上去很不安的举手者发言。"但是，"那个女孩说，"如果你那天晚上其实并没有其他安排，你不就是在撒谎了吗？"她的四肢很长，而且正处于快速生长期之后非常纤细的阶段，所以她可以将右腿搭在左腿上，再舒适地把右脚卡在左腿肚的后面。

"哦，不，你没有在撒谎，"我用安慰的语气回答，"也许你计划好了要涂指甲油，或者是做 BuzzFeed 网站上的测验，或者你的计划就是不做任何计划，直到你考虑好自己想做什么为止。"我的回答在我看来非常合理，但似乎并没有说服那个盘腿的女孩。于是我继续说："你没有义务向你的朋友一五一十地交代你的全部意图——如果你不愿意的话，你没必要让自己像一本摊开的书那样一目了然。"

从这位六年级学生脸上的表情我可以看出,她完全不认可我说的任何话。对于她来说,我的建议似乎可以被形容为"奇怪",而最糟糕的情形则是,她可能一直在想,为什么她的学校会邀请一个品行不端的成年人去敦促容易受人影响的年轻女性撒谎?在研讨会结束很久之后,我们之间的谈话一直萦绕在我的脑海中。我确信我提供了正确的指导,但是这条建议让那个女孩感到如此明显的不适,这让我觉得很受困扰。而且我也知道她不是那间屋子里唯一一个觉得自己无权决定要与他人分享什么个人信息的学生。

为什么这些女孩似乎认为一直有必要充分披露自己的信息?我越是斟酌这个问题,就越是关注我们是如何劝导女孩们要真诚,以及我们是如何将真诚置于至高无上的地位的。当然,在我们鼓励女孩们要"真诚"和"真实"时,我们是在提供善意的指导。我们这么说是为了敦促她们听从自己内心的声音,而不是将自己塑造成他人喜欢的样子。然而这似乎并不是我们的女儿们所领会到的意思。女孩们的理解是,我们要她必须永远做到彻底的、完全的直率,而我们自己并没有意识到这一点。

这是一个大问题,特别是当我们将它与要讨人喜欢的文化指令结合起来看时。一个女孩实际上无法同时完成这两个目标,因为和其他所有人类一样,每个女孩都有着一个复杂的思想和情感世界。她无法在被别人看透的同时完全取悦于他人。

有负面的想法和感觉并不一定是有问题的,因为思想、感觉和行为是相互独立运作的。我们很难控制(也很少需要控制)我们的想法和感受，我们只是有必要规范自己的实际行为而已。当然，有时候，我们的思想和感觉会对我们的行为起到有益的指导作用，比如当我们欣然接受邀请，与我们真正喜欢的人共度时光时。然而为了当一名有礼貌的社会成员，成年人通常会将自己的想法和感觉与自己的行为分离开来。当我们在电梯里没有其他人的情况下与一位自己很讨厌的同事进行有礼貌的闲聊时，就正是这种情况。

对于那些认为自己的想法、感觉和行为必须完全一致的女孩来说，仅仅是怀有一种消极情绪就足以引发焦虑。日常的小烦恼，比如被分去和一个让自己气恼的同学一起做小组项目，会让一个认为自己应该完全透明的女孩面对两个（且只有两个）站不住脚的选择。要么就是完全"诚实"，她决不能试图掩饰自己的愤怒并得为此承担后果；要么就是必须为自己的愤怒感到羞耻，并焦虑地寻找一种方法来涤荡自己心灵（以及思想和行为）上的任何不愉快。

说真的，为什么女孩们就不能明白这样一个道理，即心里在想一件事，但展示的是另一件事，这通常是可以的？如果她们想拒绝邀请，为什么说自己已经很忙了会让她们感到困扰？善良、正派的成年人一直在做这种口是心非的事情，而且男孩们显然不会像女孩们那样因为担忧这种问题而失眠。我们的女儿们为什么会得到这样一种印象，即一旦她们有了一种不想公之于众的想法或感觉，她们就是有问题的？

好吧，我的纵火犯同胞们，我们需要做一些深刻的自我反省。养育子女涉及持续不断并且普通平凡的交流，在这一过程中，我们有时会试图对女儿们脑中所想、心中所感的事物制定律法。我可以告诉你这在我自己的家中是如何发生的。经常，当我们在工作日坐在一起吃晚饭时，我的一个女儿会抱怨她的一个同学或老师。在这种时候，我会飞快地尽量减少或消除她的抱怨，说："哦，那个孩子可能有什么为难事。你应该表现得友善些。"或者，"我敢肯定你的老师很忙，而且很快就会把作业发还给你们的。"

我也敢肯定，有些时候我做出粗鲁的回应仅仅是因为我自己已经劳累了一整天。其他一些时候我让女儿闭嘴是因为我知道美国文化更指望女孩，而不是男孩，去包容和讲礼貌。在任何一个给定的晚上，不管粗鲁回应的背后是什么理由，我的女儿都很容易将我的话理解为："你的负面想法和感觉是不可接受的。"

没必要完全暴露自己的内心

长期以来[14]，诗人、哲学家和社会学家都清楚地阐明了我们每个人都知道的真理：我们会在不同条件下展示自己的不同部分。我们可以从戏剧术语的角度来思考这个现象[15]，当我们在"前台"（学校，工作场所等等）时，我们的行为在一定程度上因为有观众在场而受到影响。当我们在"后台"（家里，独自一人）时，我们可以披散头发，更自由地做自己。

作为父母，我们有时会忘记，我们的女儿有，而且也应该有她们自己的"前台"和"后台"。当我让女儿停止抱怨时，我忽略了一个事实，即她其实非常清楚地知道我们在家里说的话和我们在公共场合的言行是有区别的。我担心，任由她抱怨同学或老师可能会被视为允许她基于自己的不满采取行动，在学校里表现得粗鲁或令人不快，但这种担心是没有必要的。我的两个女儿都不至于那么蠢，你的女儿也是。通过接受女儿们的全部内心生活让她们释放焦虑，这么做其实很简单：当她们发出抱怨时（而这经常在一天结束之际发生），我们只需调整自己的回应方式即可。

我的小女儿很有想法，而且畅所欲言。如果她喜欢什么，她会让你知道，如果她不喜欢什么，她也会向你倾诉。在幼儿园里，有一个同学经常在无意中惹恼她，很多下午她回家时都满腹牢骚。当我开始努力教自己的女儿"前台"和"后台"的概念后，我开始这样回应她："是啊，这听起来很让人恼火。你完全可以在脑海里生她的气，但是记住，我们希望你采取礼貌的行为。"我女儿觉得这条建议非常合理，它就像一个有用的引子，让她开始理解她和我们其他人一样，既有一个公开的自我，也有一个私下里的自我。

同样的道理，当我的大女儿第一次遭遇初中社交圈中极具戏剧性的是是非非时，我们告诉她，她可以利用我们这个家来发泄她对白天遇到的任何荒唐事的不满。我们保证绝不把她告诉我们的事情泄露出去，除非有人的安全受到了威胁。我们给她足够的空间在私下里自由抱怨，条件是——我们希望她把抱怨留给我们，在学校里则当一名品行端正的公民。

这并不是说我的女儿们举止完美。她们就和我们所有人一样真实、完整但不完美。然而，我要强调的是，我们特意做出努力向我们的女儿们澄清，她们和我们其他人一样，在自己的内心（和我们的家里）有属于自己的空间，在那里她们可以敞开心扉，诚实坦率，对自己的真实想法和感受充满好奇。我完全赞成人们去鼓励女孩们做真诚不伪的人。在我看来，一个真诚不伪的女孩就是一个觉得能够真正了解自我的女孩。

我们可能会担心，给女孩们足够的自由来表达她们的负面想法和感受会导致不良行为，但现实通常恰恰相反。每个成年人都知道，有一个安全的地方来发泄我们的真实情感，通常会让我们更容易在自己不喜欢的人面前表现良好。卸下不快情绪也可以为我们扫清道路，找到处理困难人际关系的建设性策略。事实上，我有时会想，那些经常干些鬼鬼祟祟或弯弯绕绕的卑鄙勾当的女孩，是不是正是那些不被允许有负面想法和感觉的女孩。你越是压制一种情绪，它就越有可能从侧面冒出来。

如果有必要的话，我们可以提醒自己的女儿们，表达令人不快的情绪和表现得像个混蛋是有很大区别的。例如，想象一下这样一个场景：一位家长告诉女儿，在即将到来的假期中，他们要去看望一位姑奶奶，于是女孩回答道："呃！你是有史以来最差劲的爸爸，居然让我们在假期去干那个！这跟花两个小时去看望一根树桩没什么两样。"虽然她的感觉可能是合理的（去探望一位姑奶奶可能不是她假期要做的最重要的事），但这个女孩的说话方式需要好好检查一下。

要想在不羞辱女儿的前提下规定一些底线，这位父亲可以说："我知道你对我很恼火，而且你觉得这种探望很无聊。你有权表达你的观点，但出言不逊是不可以的。你需要找到一种更友善的方式来表达你的想法。此外，在探望期间，我很希望你能表现出你最迷人的一面，无论你感觉如何。"

这样的互动可以同时达到三个重要目的：①它提醒女孩们，不能欺凌任何人，甚至包括自己的父母；②它肯定了女孩们完全有权利想的是一回事，展示的是另一回事；③回到女孩应该取悦他人的话题上，这给了我们一个机会来讨论什么时候我们的女儿必须去执行她们不喜欢的计划。我们每个人都会遇到这样的情况，不得不去做一件我们非常不想做的事情。让我们的女儿们知道，在必要的情况下假装热情（或者至少礼貌地表示接受）并没有什么错，这对她们是有好处的。

如果你的女儿需要花一些时间来了解什么样的言行适合她的"前台"、什么样的言行适合她的"后台"，不要感到惊讶。我们中的大多数人，包括女孩在内，在决定要与他人分享什么（和如何分享）以及该将什么保留给自己时都会犯错误。尽管如此，我们应该支持我们的女孩们探索并建立公共和私下的人格面具，因为我们希望她们把自己视为微妙而复杂的人。事实上，我们在家中的谈话应该始终以这样一个假设为前提，即我们的女儿远比她们看上去要复杂。因为在谈到女孩和年轻女性时，美国的文化倾向于相反的思维。

外表的重要性被过分夸大了

事实上，说到女孩和年轻女性的生活在多大程度上充斥着暗示外表极度重要的无数信号，怎么夸大都不会过分。虽然你可能不需要我向你论证这一点，但为了以防万一，我还是要提供几个例子。即使在谈到婴儿时，成年人对女孩外表的评价也远远超过了男孩[16]。化妆品和身体产品行业每年花130亿美元打广告暗示女孩和女人[17]，她们需要对自己的外表做点什么。选美比赛依然是一件大事。几乎每一个在大众媒体上被展示的女性——从杂志到迪士尼电视节目，再到新闻主持人——从客观上说都是漂亮的，而在相同语境中出现的许多男性则跟我们在生活中认识的人并无不同。媒体一直在执着地关注那些能力强大[18]、成就斐然的女性们的衣着、发型和外表，尽管她们所处的位置跟她们的衣着、发型或外表完全没有任何关系。

简而言之，我们遇到了两个问题。首先，文化力量在不断地向我们的女儿们发出信号，暗示她们的外表可能比其他任何东西都更重要。其次，美国的文化宣传的理想美女拥有水汪汪的大眼睛、珍珠般的牙齿、光滑亮泽的头发、毫无瑕疵的皮肤、健康又纤细但凹凸有致的身材，但事实上这对大多数女孩和年轻女性而言都是无法效仿的。

关于第一个问题，我们应该认识到，女孩们觉得自己的价值在很大程度上取决于外表上中了基因彩票，而不是取决于她们真正能控制的品质，比如她们的创造力、善良、聪明、风趣、勤奋，以及各种其他令人赞叹的品质，这从根本上会引发她们的焦虑。此外，我们对女孩外表的过分关注不仅会让人们将注意力从她们真正重要的品质上移开，而且还会在实际上破坏那些重要的品质。

事实上，一项卓越的研究发现，单单是评论一个年轻女性的外表就会在短时间内削弱她的智力[19]。为了调查强调女孩的外貌会造成的影响，一群心理学家邀请大学生参加号称是招聘策略的研究。参与者被要求提交一份简历和一张本人的照片。待研究人员"审阅"过简历和照片之后，他们就女性提交的材料做出了相同的评论，但对其中一半的女性，他们额外加了一句话："从你的照片可以看出，你的形象很体面，外表好看在就业市场上是一种优势。"在收到他们的反馈后，参与者们参加了一场数学测验。

读到过关于自己外表评论的女性在数学测验中的表现明显差于那些照片从未被讨论过的女性。值得注意的是，即使是那些对自己的外表并不关注的参与者也是如此。关注年轻女性的肤浅品质可能妨碍她们向我们展示她们的真正实力。

作为父母，我们应该尽量淡化女儿外表特征的重要性，并展示她们其他一切品质的重要性。有时候，这么做很轻松、很愉快。在我的女儿们还小时，遇到陌生人称赞她们可爱，我会习惯性地愉快回应："她的心灵比外表更棒！"然而在其他一些时候，我们和女儿们关于她们外表的谈话是从一个非常令人痛苦的话题开始的。

一个星期三的上午，十一点刚过不久，我的手机响了，那是我一个特别要好的大学朋友打来的电话。我有点儿惊讶，因为她是一个身居要职的律师，居然会在工作时间给我打电话，但我还是很高兴地接听了。

"嗨，你有空吗？"她急急地问，我能听出她心里有什么沉重的负担。

"当然。怎么了?"

"卡米,"她说的是她四年级的女儿,"昨晚上非常难过。"我的朋友说,卡米在吃晚饭的时候一直显得很紧张,最后在睡觉前终于大哭起来。当她的妈妈帮她掖被子时,她解释说学校里的女生一直在嘲笑她的长相。

"我想她们在说她的鼻子太尖,还问她为什么不把腿上的黑毛剃掉。"我朋友轻蔑地补充说,"我很生气她们会这样攻击她。我告诉她,她们的这种行为很刻薄,她应该不理会她们,但今天早上我可以看出来,她们说的话真的让她很恼火。"

我们讨论了联系老师或其他女孩家长的可能性,并一致认为在卡米的妈妈采取任何一种行动之前,要先征求卡米的意见。与此同时,我想帮帮我的朋友和她那可爱的、受伤的女孩。

"今晚,当事情平静下来,"我开始说,"找个时间和她坐下来。拿好纸和笔,告诉她你想画一张'卡米饼图'。"尽管微笑不会发出声音,但我可以肯定我的朋友在电话那头觉得很开心。然后,我解释说,她女儿的饼图标题应该是"卡米身上有什么是重要的"。

"在圆圈里画出很小的一块,告诉她这代表她外表的模样。然后和她一起完成圆圈的剩余部分,用词语来描述有哪些品质让她成为一个令人赞叹的孩子。"

"她会喜欢的。"我的朋友说,"她立刻就会明白的。她有那么多优点……那么多可以让她感到自信的东西。"

第二天我收到朋友的一封电子邮件,告知我事情进展如何。她告诉我,卡米领悟得比我们预想的还要快,她很开心地在饼图上写满了用来描述她自身优点的词语。我的朋友补充说,当卡米完成自己的饼图后，她又主动画了第二张图表。她告诉她妈妈，第二张图代表着"我们班上的那些刻薄女孩认为什么最重要"，并把它做成与她自己的饼图完全相反的样子，圆圈中的大部分被指定为"外表"，只有很小一部分被指定为"其他的一切"。她妈妈写道，最棒的是，那天晚上睡觉前，卡米指着第二个圆圈宣布道："这就是为什么我不和她们在一起玩。"

如果你女儿的岁数已经不适合做饼图练习了，我们还有很多其他方法可以帮助她去用怀疑的态度看待美国的文化对女孩和女人外表的关注。例如，我们可以和女儿们一起观察世人是多么频繁地关注那些以成就著称的女性的外表特征。我们可以说："为什么互联网上谈论的是这位歌手不化妆的样子有多漂亮[20]，而不是她成为她这一代人中唱功最佳的表演者之一付出了什么努力？"或者，"这个女人在负责美国的外交政策[21]——当媒体选择报道她的最新发型时，这说明了什么？"尽管有些事情是我们理所当然该做的，但我仍要强调我们应该特别注意去赞赏女孩们通过努力取得的成就——例如她们在学业上的刻苦勤奋，她们蓬勃发展的运动技能，她们对自己的社交群体的积极贡献——至少不亚于（如果不是大大超过的话）我们对她们外表的赞赏。如果我们能帮助女孩们从她们能够培养和控制的品质中获得价值感，我们就可以减少她们的焦虑。

说"人人都美丽"效果适得其反

女孩们接收到的信息是，她们的长相在很大程度上决定了她们的价值。就好像这还不够具有破坏性似的,她们也开始明白,美国文化将一种非常狭隘的女性美形式给理想化了。正因为如此,我们有大量的研究证明了这样一个事实:[22] 仅仅是观看媒体上描绘的典范就已经足以增加女孩们对自己外表的不安感。在最好的情况下,我们的女儿们会花太多时间纠结于自己能察觉到的缺陷。在最坏的情况下,她们有时会采取不健康和危险的做法,比如进行严格的节食或过度运动,以迫使她们的身体去更好地匹配一个无法实现的理想。

对此我还要补充一点,即从来没有任何一代人像我们今天所抚养的女孩们那样沉浸在照片世界中。除了观看传统媒体,她们还浏览了成百上千,乃至于成千上万张由她们的朋友们在网上发布的照片。她们在很多这样的照片中看到了什么?女孩们展示自己的外表,试图复制职业模特们的完美外表,并千方百计提高每张照片的点赞数。

我们的工作非常明确。这样的文化让很多女孩为自己的外表感到自卑,而我们则需要帮助我们的女孩们在这样的文化中自我感觉良好。为了做到这一点,我们经常求助于一种古老的做法,就是言之凿凿地告诉女孩们,她们本就很漂亮。这是一种善意的策略,我妈妈就曾经对我使用过,而且世界上所有的妈妈都会用它来安慰自己的女儿。然而,最近我开始怀疑,我们是否应该重新考虑我们的方法。

我支持任何赞美人类全部美好之处的努力,也赞成告诉我们的女孩们"魅力"具有无穷无尽的表现形式,但我们必须认识到,告诉我们的女孩们美具有各种形式并不总能让她们少为自己的长相操心。首先，很多女孩就是不买账。我们的女儿们自己就能看到，美国的文化赞美某些身体形态，并诋毁其他身体形态。事实上，大多数成年女性也不相信"人人都美丽"的口号。一项针对美国成年女性的大规模抽样调查发现，有91%的女性报告称不喜欢自己的体型[23]。如果连成年女性都做不到，那我们就真的不应该期望女孩和年轻女性去断然拒绝荒谬的美丽标准。

值得注意的是，研究始终表明，根据非洲裔美国女孩和女人的报告，她们对自己外表的感觉比白人、西班牙裔或亚裔美国女孩和女人好多了[24]。然而，矛盾的是，[25]非洲裔美国女孩（以及西班牙裔、亚裔和美国原住民女孩）尝试过不健康节食做法的比率和白人女孩一样高。简言之，女性美的苗条样板影响了所有年龄、种族和民族的女性对自己外表的看法，不管我们多么希望事实并非如此。

当我回想卡米妈妈打来的电话，我意识到我当时在努力抑制自己说以下这番话的冲动："告诉卡米我喜欢她的鼻子！告诉她，她就是最漂亮的女孩！"这些都是非常好听的话，但是我担心，如果我们急于让害羞的女儿们相信她们真的很漂亮，这反而会向她们强调一个有害的前提，即拥有迷人的外表是非常重要的。

当然，大多数父母都会告诉女儿，她们很美。因为对我们来说，她们真的很美。在我自己家里，我有时会对我的女儿们说："你们看上去好可爱！"当我在某一刻被触动时，我不想掩饰自己对她们那种自发的、充满深情的赞美。所以我不时会补充一句："然而不管你们长得怎么样，你我都知道外表是你们身上最微不足道的东西。你们是风趣、体贴、勤奋的女孩，这比外表要重要得多。"每一次，我的女儿们都会对我后面这番补充翻白眼，但我不介意。我只是将她们翻白眼视为确认她们听到了我说的话。

我们不希望我们的女孩们因为自己的外表而自卑，但是我们应该努力平衡我们对她们外表的赞美和对她们所能奉献给世界的其他东西的赞美。我们必须这样想：如果一个女孩因为自己是个魅力十足的女性而产生巨大的自尊，这真的是我们希望的结果吗？我决不想剥夺女孩们由自我感觉漂亮而产生的快乐感——穿让人显得更漂亮的衣服，摆弄化妆品，做头发都能带来真正的乐趣，但我们应该记住，以自己的身体外形为荣，就是在为自己最肤浅的品质感到骄傲。值得庆幸的是，我们的女儿们可以用健康的方式来对自己的身体感觉良好，而这些方式都和外表无关。

赞美身体机能，而非身体外形

研究一直表明，[26]参加体育运动可以改善女孩对自己身体的感觉。这些结论令人备受鼓舞，但长期以来，一个重要的相关问题一直困扰着大家：运动型女孩自我感觉良好会不会仅仅是因为身体健康有助于她们更接近美国的文化理想？为了探讨这种可能性，[27]一项大规模研究询问了青春期的女孩们，她们对自己的身体外观有何感觉，然后又单独询问了她们对自己的身体能做到的事情有何感觉。

研究人员发现，参加团队体育运动等有组织活动的女孩比单纯定期锻炼或喜欢久坐的女孩更为自己的身体机能方面感到骄傲。换句话说，结构化的体育项目涵盖了技能培养、合作和共同目标，能帮助女孩们从她们的身体所能做到的事情中获得乐趣。值得注意的是，该项研究还发现，比起那些从事注重速度、力量或技巧的运动的女孩来，那些参加过诸如舞蹈和体操等非常强调身体外形的运动的女孩对自己的身体所能做到的事情没有那么自豪。这一结果与其他研究相呼应，[28] 表明参加带有审美因素的体育运动实际上会让女孩们对自己的体形感觉更差。

这项研究能给我们带来什么收获？简而言之，如果我们有时间、金钱、精力和其他必要资源的话，我们就可以鼓励女儿们去从事培养技能的体育活动，从而帮助她们对自己的身体所能做到的事情产生满足感。如果我们要在排球和芭蕾之间，或者游泳和体操之间进行选择的话，研究表明我们应该倾向于选择团队活动，而不是选择以外表为导向的活动。这项研究还表明，即使你的女儿不想对一项运动做出持续的承诺，你也应该帮助她找到保持身体活跃的办法。这除了有利于她的健康，还将改善她对自己身体的感觉。

令人高兴的是，女孩们还可以用另一种方式来评价她们的身体：去欣赏身体经常让我们感觉很好。家长们并不总是乐于赞赏女儿们逐渐产生的感官享受意识，因为这样做似乎就非常接近女孩的性行为这一让人感到不必要的尴尬的话题了。所以，让我们从小事做起。下一次，当你伸手去挤芬芳柔和的洗手液时，不妨和你的女儿一起享受它的美好气息，以及把它抹在你的皮肤上的舒服感觉，如果她感兴趣的话，让她也试试。细细品尝你最喜欢的食物，并鼓励她也这样做。想办法去体验在寒冷的日子里蜷缩在厚厚的毯子下的感觉，或者是锻炼身体的感觉，或者是用梳子梳理头发的感觉。没有必要对此感到奇怪或大惊小怪：只要记住，我们希望我们的女儿们能找到很多方法让自己的身体感到快乐，并通过自己的身体感到快乐。

美国的文化中充斥着认为外表非常重要的信息，从根本上说，父母们有责任与之斗争。最初，我们可以不厌其烦地强调女孩和女人的重要品质，而不是肤浅的品质。我们可以特意给女儿看一篇关于诺贝尔奖获得者所做的科学工作的文章，并跳过描述这位科学家在获奖时所穿的服装的文章。随着我们女儿的年龄增长，我们可以再找出那篇关于科学家服装的文章，帮助我们的女儿理解它有多么荒谬。当我们谈论女孩的体形时，我们应该关注女孩的身体能做些什么，以及能带来什么美好的感觉，而不是关注其看上去是怎样的。

在我的理想世界里，我们不再以外表来评判女孩，而女孩们也不再以外表来评判自己。目前，这仍然是我们所有人都需要通过不断的努力来应对的挑战。然而事实上，和其他许多问题一样，这个问题的重要性并没有得到美国文化中所有女孩和年轻女性的同等重视。

偏见的逆风

少数族裔的女孩和年轻女性也要应对本书中提出的每一种令人紧张和焦虑的情况，但与白人女孩不同的是，她们在这样做的同时还要与歧视的阻力作斗争。

有时，她们要面对严重的毁谤、骚扰、威胁或更糟糕的欺凌。同时，她们也经常受到隐晦的偏见的打击[29]，这些偏见可能是有意的，也可能是无意的。例如，聪明的少数族裔学生能够看出，一些老师对他们的学业能力感到惊讶。亚裔美国女孩如果不是数学天才，似乎就会让一些老师感到很惊讶。陌生人会问在美国出生的少数族裔女孩："你的老家其实是哪里？"店主会在一些少数族裔购物时紧紧盯着他们。然而，非白人群体的那种持续不断的、令人疲惫的活生生的体验，只需轻描淡写的一句表达善意情感的话，比如，"我对肤色视而不见"，就会消解殆尽。

学者们详细记录了生活在强大偏见中所带来的长期情绪和生理压力[30]。赤裸裸的种族主义或仇外心理会引发恐惧和害怕并不奇怪，但研究告诉我们，遭遇不那么明显的偏见也会付出沉重代价。当被告知："只要真的努力，每个人都可以取得成功。"或者是被问道，"我怎么可能是种族主义者？我的很多朋友都是黑人！"往往会让少数族裔女孩和年轻女性陷入苦思冥想[31]，试图理解这种互动意味着什么，并思考该如何回应。

我在为非洲裔美国女孩肯德拉做咨询时，更好地了解到少数族裔所经历的许多让人心力交瘁但却程度很轻的蔑视。我第一次见到肯德拉是在她9岁的时候，她的父母在她40岁的伯伯因心脏病发作去世后寻求我的帮助。她和她伯伯的关系很亲密，因而可以理解，她非常害怕她的爸爸会以同样的方式突然死去。

我帮助肯德拉克服了恐惧，并且应她的要求，在随后的几年里继续和她保持联系。当她上初二时，肯德拉问她的父母，是否可以找我做几次咨询，谈谈她如何才能不失体面地从一段已经走到尽头的痛苦友谊中解脱出来。在这些咨询过程中，有一天下午晚些时候，她前来赴约，显得异常闷闷不乐。肯德拉刚在她的初中足球队里踢完球。她穿着黑色运动裤和粉色运动衫，头发向后梳成辫子。她脸上的表情严肃而痛苦，我不记得以前曾经见过这种表情。

"你没事吧？"她一坐定我就问她。

"我不知道。"她迟疑地回答。然后，经过一段长时间的停顿，她解释说："我们队里有一个足球助理教练，她总是把我的名字叫成队里另外一个黑人女孩的名字。"

我很高兴她愿意在我们的咨询中引入种族问题，并且很想让她知道，我认为我可以在这个问题上支持她，即使我是一个白人女性。

我用中立的语气问道："我想你的教练是白人吧？"

"是的，"肯德拉说，"而且她为人很好。我不知道该怎么办才好。我觉得我应该纠正她，但我想知道怎么做才能不显得无礼。"

我们把剩下的时间都用来讨论她可以如何措辞。虽然教练的行为几乎可以肯定是无意的，但这让肯德拉觉得自己远不如她的白人队友受重视。更糟糕的是，肯德拉还觉得她本人有责任为这个问题找到一个有效而又灵活变通的解决方案。最后，我们决定下次教练叫错她的名字时，她应该礼貌而又坚定地说："我叫肯德拉。"这一选择并不完全令人满意，但却仍然比我们能想到的任何其他选择都好。

后来，当肯德拉进入高中后，她跟我说，每次选修大学预修课程时，如果授课老师不是她已经认识的，她就必须从零开始证明自己。

"他们认为白人孩子必定很聪明,但是我却每次都要重新证明自己,哪怕我的成绩从未低于 A 过。"大学预修课程本身就已经够难了,但是对于肯德拉来说,他们还让她觉得自己需要证明自己也有权待在教室里。

肯德拉凭借自己的聪明才智和勤奋努力在普林斯顿大学获得了一席之地。在大一寒假期间,她到我办公室来拜访我。

"情况怎么样?"我问道,见到她很高兴。当一名心理治疗师非常有趣的一点是,我会喜欢上我的来访者,但只有当他们愿意向我倾诉时,我才能得到关于他们生活的最新信息。

"挺不错的。在学习方面非常顺利。我很喜欢我上的课,而且也为它们做了充分准备。"接着,她的语气变得忧郁起来,"社交方面情况很复杂。我交到了一些真正的好朋友,很多是黑人,有一些是白人,我想我会和他们常年保持亲密关系。"

"但是……"我主动说道。

"但是……我感到很惊讶,因为人们经常把我当成没资格待在那里的人,或者说我被录取仅仅是因为我是黑人。这很微妙,但我能感觉到。说实话,我本以为进入普林斯顿大学会改变一切——我以为别人将不再那么小看我。为什么我都走到了这一步却仍然要忍受这一套?"

对少数族裔女孩来说,[32] 有支持她们的家人在家里等待她们有助于消除偏见带来的一些负面影响。虽然我很希望肯德拉不需要面对这一切,但我很高兴地知道,她有善良、体贴的父母,现在还有一群值得信赖的朋友,他们可以在一路上支持她。尽管如此,我们应该认识到,在很大程度上,解决歧视问题的工作理当由在文化上的多数群体承担。

同处在社会这条大船上的所有人都必须认识到我们是如何助长偏见的逆风的,即使这完全不是我们的本意。除此之外,我们还应该想办法加入顺风之中,为那些作为少数族裔生活在世界上的人们提供便利。这需要我们愿意面对由偏见造成的痛苦现实[33]。我很清楚,这是一个紧张而敏感的问题。事实上,就连在这里谈到这个问题也让我感到焦虑:我担心我不能公正地对待这个话题,担心我会在无意中冒犯别人。

我很想避而不谈对歧视的思考,作为主流文化的一员,我完全可以按照我的意愿选择逃避。然而如果说撰写这本书让我懂得了什么,那就是我们不应该逃避不适感。当我们直面让我们感到不安的事物,并帮助我们的女儿做同样的事情时,我们就会发现焦虑通常是一种警告,表明有什么事情不对劲,而压力则是成长和变化所固有的。

Under
Pressure

结　　语

    我们的女孩所面临的挑战来自四面八方。女孩们担心她们与父母以及与朋友的关系；她们步入了不稳定的爱情世界；她们要面对有时会令人手足无措的学业要求；她们还要与更广泛的要求她们顺从、透明和有吸引力的文化期望做斗争。这些挑战并不新鲜，但如今，它们却是在现代技术的背景下展开，现代技术将女孩们束缚在社交媒体的过山车上，很少有谁能从上面下来；它们发生在令人眩晕的 24 小时不停歇的新闻放送中，连我们中间最成熟的人也会为之感到不安；而且它们发生在一个特殊的时代，在这个时代，我们女儿周围的世界似乎比以往任何时候都发展得更快。

    面对如此大的压力，在如此不断的围攻下，我们的女孩会紧张不安地向我们求助也就不足为奇了。对于父母来说，没有什么比有一个陷入悲伤中的孩子更让人痛心了。在这种时候，我们总是穷尽一切可能帮助我们的女儿感觉好起来。我们的本能也许会敦促我们去把我们的女儿从痛苦的源头中解救出来，保护她不再接触那些让她不安的东西。

如果遵循这些直觉能起作用，那我就不会写这本书了，而你也不会读这本书。我们发现，紧张和混乱是奇怪的存在。当我们的女儿逃避它们时，它们不会消亡。事实上，当我们在压力和恐惧面前退缩时，它们只会以更大、更恐怖的模样出现。

压力和焦虑只有通过正面面对才能解决。当我们帮助女孩面对，有时甚至是欢迎日常生活中的这两个基本元素时，我们对她们的帮助是最大的。她们应该问："所有压力的来源是什么？"以及，"我为什么会焦虑？"这些问题将帮助女孩们掌控她们所面临的挑战，因为问题的答案能让她们重新获得控制权。

事实证明，当我们的女儿被迫在接近能力极限的状态下工作时，压力就会增加。这几乎总是能帮助女孩们成长。只要我们的女儿们知道如何自我恢复，而且并没有在面对远远超出其情感和智力极限的要求，她们就应该认识到，超越其熟悉的边界有助于培养她们的力量和耐力。

正如我们现在所知道的，焦虑通常是作为善意的信使降临的。它会提醒你的女儿有什么事情不对劲，或者告诉她保持警惕是明智之举。当然，有些女孩焦虑的神经即使没什么有用的东西可说，也还是会喋喋不休地对她们说个没完。大多数时候，我们和我们的女儿们都应该把焦虑看作是盟友，而不是敌人，并弄清楚它究竟想让我们知道什么。

这个世界对我们的女儿们的要求比以往任何时候都高,提供给她们的也比以往任何时候都多。作为父母,在女儿们面对她们不可避免会遇到的挑战和机遇时,帮助她们前进而不是后退,我们就是最好的父母。

因为只有学会面对恐惧的女孩才能发现自己有多勇敢。

Under Pressure

致　　谢

如果没有我的经纪人 Gail Ross 热情而坚定的努力和我的编辑 Susanna Porter 的智慧和勤奋，这本书是不可能诞生的。我是他们的卓越天赋以及他们在罗斯·尤恩代理公司（Ross Yoon Agency）和兰登书屋（Random House）的超级团队的幸运受益者。

一些朋友和同事的早期反馈让本书的终稿得到了很大的完善，在此要感谢 Daniel 和 Jennifer Coyle 夫妇，Lisa Heffernan，Davida Pines，和 Amy Weisser，他们慷慨地提供了他们的时间和见解。我要特别感谢我杰出的研究助理 Amanda Block，她始终兢兢业业，帮忙为本书润色，并整理了书中的学术引文。

通过与心理学家 Aarti Pyati，Erica Stovall White，特别是 Tori Cordiano 的持续对话，我的思想获得了丰富和完善。他们对初稿做出了优秀的评论，并且作为我的办公室同事耐心地忍受我的不断干扰，讨论从专业到个人，甚至是纯粹娱乐性的话题。同样，我在劳蕾尔学校的工作也为我提供了动力，那里是一个充满了对女孩们的爱和尊重的堡垒，校长 Ann V. Klotz 致力于教育年轻女性的思想和心灵，使整个学校社区充满了活力。能够成为这个社区的一员，我不胜感激，倍觉自豪。

  我的非凡的朋友们，包括 Hetty Carraway，Anne Curzan，Alice Michael，和 Carol Triggiano，还有我充满爱的家人们——特别是我了不起的父母和女儿们——始终在鼓励我。没有人比我亲爱的丈夫 Darren 更为不懈地支持这个项目。他不仅是我梦寐以求的最佳伴侣——以及我们的女儿们的父亲，而且还灵活地担任了我要求他担任的许多额外角色：拉拉队员、决策咨询人、以及亲密读者。我希望自己没有辜负他。

  让我成为一名心理学家的培训是由杰出的临床医生和学者们提供的，我感谢他们中的每一位，因为他们悉心引导我走进了我唯一渴望从事的行业。在这本书中，我将自己的观点与他人所做的卓越工作相结合。我的目的是感谢所有其工作对我的思考产生了影响的人。如有错误或遗漏之处，都是我个人的失误。

  最后，我要向我在从事心理咨询工作中遇到的女孩和年轻女性们表达无限的感激之情。她们的正派、活力和深度将永远令我赞叹不已，并感到备受鼓舞。

Under Pressure

注　释

题　词

1. Freud, A. (1965). *Normality and Pathology in Child- hood: Assessments of development.* Madison, WI: International Universities Press, pp. 135-36.
为便于读者理解，我两次从引文中删除了"自我"（ego）这个词，因为它在精神分析学文本中具有特殊的含义，删除它并不会改变弗洛伊德女士这句话的含义。

前　言

1. Anderson, N. B., Belar, C. D., Breckler, S. J., et al. (2014). *Stress in America™: Are teens adopting adults' stress habits?* (Rep.). Washington, DC: American Psychological Association.
2. Collishaw, S. (2015). Annual research review: Secular trends in child and adolescent mental health. *Journal of Child Psychology and Psychiatry* 56 (3), 370-93.

Mojtabai, R., Olfson, M., and Han, B. (2016). National trends in the prevalence and treatment of depression in adolescents and young adults. *Pediatrics* 138 (6), e20161878.

3. Calling, S., Midlov, P., Johansson, S-E., et al. (2017). Longitudinal trends in self-reported anxiety. Effects of age and birth cohort during 25 years. *BMC Psychiatry* 17 (1), 1-11.

Tate, E. (2017, March 29). Anxiety on the rise. Retrieved from inside highered.com/news/2017/03/29/anxiety-and-depression-are-primary-concerns-students-seeking-counseling-services.

4. Burstein, M., Beesdo-Baum, K., He, J.-P., and Merikangas, K. R. (2014). Threshold and subthreshold generalized anxiety disorder among US adolescents: Prevalence, sociodemographic, and clinical characteristics. *Psychological Medicine* 44 (11), 2351-62.

Merikangas, K. R., He, J., Burstein, M., et al. (2010). Lifetime prevalence of mental disorders in US adolescents: Results from the national comorbidity study—adolescent supplement (NCS-A). *Journal of the American Academy of Child and Adolescent Psychiatry* 49 (10), 980-89.

Kessler, R. C., Avenevoli, S., Costello, E. J., et al. (2012). Prevalence, persistence, and sociodemographic correlates of *DSM-IV* disorders in the national comorbidity survey replication adolescent supplement. *Archives of General Psychiatry* 69 (4), 372-80.

5. Calling, S., Midlov, P., Johansson, S-E., et al. (2017). Longitudinal trends in self-reported anxiety. Effects of age and birth cohort during 25 years. *BMC Psychiatry* 17 (1), 1-11.

Calling 及其同事们所报告的性别比例也反映在 Kessler 及其同事们的研究结果中，后者发现女孩患焦虑症的可能性是男孩的 1.5 到 2.5 倍。

6. Anderson, Belar, Breckler, et al. (2014).

7. Fink, E., Patalay, P., Sharpe, H., et al. (2015). Mental health difficulties in early adolescence: A comparison of two cross-sectional studies in England from 2009-2014. *Journal of Adolescent Health* 56 (5), 502-7.

8. Calling, Midlov, Johansson, et al. (2017).

Van Droogenbroeck, F., Spruyt, B., and Keppens, G. (2018). Gender differences in mental health problems among adolescents and the role of social support: Results from the Belgian health interview surveys 2008 and 2013. *BMC Psychiatry* 18 (1), 1-9.

9. Mojtabai, R., Olfson, M., and Han, B. (2016). National trends in the prevalence and treatment of depression in adolescents and young adults. *Pediatrics* 138 (6), e20161878.

10. Breslau, J., Gilman, S. E., Stein, B. D., et al. (2017). Sex differences in recent first-onset depression in an epidemiological sample of adolescents. *Translational Psychiatry* 7 (5), e1139.
11. American College Health Association. (2014). *American College Health Association—National College Health Assessment II: Reference group executive summary*. Hanover, MD: American College Health Association.
12. Collishaw. (2015).
13. MacLean, A., Sweeting, H., and Hunt, K. (2010). "Rules" for boys, "guidelines" for girls. *Social Science and Medicine* 70 (4), 597–604.
14. Giota, J., and Gustafsson, J. (2017). Perceived demands of schooling, stress and mental health: Changes from grade 6 to grade 9 as a function of gender and cognitive ability. *Stress and Health* 33 (3), 253–66.
15. Zimmer-Gembeck, M., Webb, H., Farrell, L., and Waters, A. (2018). Girls' and boys' trajectories of appearance anxiety from age 10 to 15 years are associated with earlier maturation and appearance-related teasing. *Development and Psychopathology* 30 (1), 337–50.
16. Kessel Schneider, S., O'Donnell, L., and Smith, E. (2015). Trends in cyberbullying and school bullying victimization in a regional census of high school students. *The Journal of School Health* 85 (9), 611–20.
17. Paquette, J. A., and Underwood, M. K. (1999). Gender differences in young adolescents' experiences of peer victimization: Social and physical aggression. *Merrill-Palmer Quarterly* 45 (2), 242–66.
18. Biro, F. M., Galvez, M. P., Greenspan, L. C., et al. (2010). Pubertal assessment method and baseline characteristics in a mixed longitudinal study of girls. *Pediatrics* 126 (3), e583–90.
19. Zurbriggen, E. L., Collins, R. L., Lamb, S., et al. (2007). *Report on the APA task force on the sexualization of girls. Executive summary*. Washington, DC: American Psychological Association.

Abercrombie and Fitch sells push-up bikini tops to little girls. (2011, March 28). Retrieved from parenting.com/article/abercrombie-fitch-sells-push-up-bikinis-to-little-girls.

第一章

1. Wu, G., Feder, A., Cohen, A., et al. (2013). Understanding resilience. *Frontiers in Behavioral Neuroscience* 7 (10), 1–15.

2. 心理学家也认可创伤性压力这一重要类别,它适用于压倒性的、令人不安的、完全超过了个人应对能力的事件。这一重要话题已经超出了本书的讨论范围。
3. Buccheri, T., Musaad, S., Bost, K. K., et al. (2018). Development and assessment of stressful life events subscales—A preliminary analysis. *Journal of Affective Disorders* 226, 178–87.
4. Johnson, J. G., and Sherman, M. F. (1997). Daily hassles mediate the relationship between major life events and psychiatric symptomatology: Longitudinal findings from an adolescent sample. *Journal of Social and Clinical Psychology* 16 (4), 389–404.
5. Kim, P., Evans, G. W., Angstadt, M., et al. (2013). Effects of childhood poverty and chronic stress on emotion regulatory brain function in adulthood. *Proceedings of the National Academy of Sciences* 110 (46), 18442–47.
6. Compas, B. E., Desjardins, L., Vannatta, K., et al. (2014). Children and adolescents coping with cancer: Self- and parent reports of coping and anxiety/depression. *Health Psychology* 33 (8), 853–61.

   Compas, B. E., Forehand, R., Thigpen, J., et al. (2015). Efficacy and moderators of a family group cognitive-behavioral preventive intervention for children of depressed parents. *Journal of Consulting and Clinical Psychology* 83 (3), 541–53.
7. 事实上,关于情感从何而来,心理学历史上存在着极其漫长的争论。19世纪末,被称为"美国心理学之父"的威廉·詹姆斯(William James,你可能也知道他是小说家亨利·詹姆斯的兄弟)提出,我们根据自己的生理知觉来决定自己的感觉,生理知觉用他的话来说,就是"有机体的变化,包括肌肉的和内脏的"[James, W. (1894). The physical basis of of emotion. *Psychological Review* 1 (7), 516–29].简单地说,当我们的心跳开始加速,我们会意识到我们一定会感到害怕。

   在那以后,人们对詹姆斯的理论提出了一些修改意见。一些心理学家认为,我们的生理和情感反应是同时发生的,而不是依次发生的;另一些心理学家则指出,我们通常依靠情境线索来决定如何理解我们的生理知觉[Moors, A. (2009). Theories of emotion causation. *Cognition and Emotion* 23 (4), 625–62].例如,一个正在运动的女孩可能会把她激烈的心跳诠释为她正在得到良好锻炼的信号。然而如果她在即将演讲时心跳加速,她就可能会认为自己正在感到焦虑。抛开理论上的争论不谈,所有心理学家都同意,生理和情感体验是紧密交织在一起的,我们对生理反应的诠释能够

注 释

决定我们是会经历焦虑("我很恐慌!我会把这次演讲弄砸了!"),还是另一种完全不同的情绪("哇,我一定是因为能做演讲而感到很兴奋!")。

8. Fleet, R. P., Lavoie, K. L., Martel, J., et al. (2003). Two-year follow-up status of emergency department patients with chest pain: Was it panic disorder? *Canadian Journal of Emergency Medicine* 5 (4), 247–54.
9. Kessler, R. C., Chiu, W. T., Jin, R., et al. (2006). The epidemiology of panic attacks, panic disorder, and agoraphobia in the national comorbidity survey replication. *Archives of General Psychiatry* 63 (4), 415–24.
10. 你可能已经注意到强迫症(obsessive-compulsive disorder,OCD)和创伤后应激障碍(past-traumatic stres disorder,PTSD)没有被纳入这里对焦虑症的讨论中。尽管焦虑是这两种障碍症的一个重要特征,但是自2013年第五版《诊断与统计手册》(Diagnostic and Statistical Manual, DSM-5)出版以来,这两种疾病已不再被归类为焦虑障碍。创伤后应激障碍现在属于一个新的类别——创伤及应激相关障碍,而强迫症则属于另一个新的类别——强迫及相关障碍。对这些诊断的重新定位突出了两个重要事实。

首先,心理学和精神病学诊断并不能像18世纪学者卡尔·林奈(Carl Linnaeus)希望科学分类学能够做到的那样,"将大自然从关节处肢解"。各种心理障碍之间的界限往往是模糊的,确定一个诊断属于哪一类组别可能多少有点武断。例如,神经性厌食症被归类为进食障碍的一种,这并不奇怪,但偶尔也有人提出,它与强迫症现象更为相似(例如,认为自己超重的强迫性观念以及伴随而来的节食或过度运动的强迫性行为)。

其次,焦虑症是许多障碍症的一个组成部分,而这些障碍症都被排除在 *DSM-5* 中关于焦虑障碍的类别之外。考虑到焦虑会在出现问题时警示我们,所以焦虑出现在令人痛苦的心理疾病的症状列表上是合理的,比如焦虑抑郁症、疾病焦虑障碍(俗称"疑病症")和边缘性人格障碍。即使焦虑在诊断中不起主导作用,它也常常起到辅助作用。

11. 我们知道,有些焦虑障碍比其他障碍更容易在家族内部发生,而基因似乎在惊恐障碍中起着特别重要的作用。

Reif, A., Richter, J., Straube, B., et al. (2014). MAOA and mechanisms of panic disorder revisited: From bench to molecular psychotherapy. *Molecular Psychiatry* 19 (1), 122–28.
12. Stewart, R. E., and Chambless, D. L. (2009). Cognitive-behavioral therapy for adult anxiety disorders in clinical practice: A meta-analysis of effec-

tiveness studies. *Journal of Consulting and Clinical Psychology* 77 (4), 595-606.
13. Göttken, T., White, L. O., Klein, A. M., et al. (2014). Short-term psychoanalytic child therapy for anxious children: A pilot study. *Psychotherapy* 51 (1), 148-58.
14. McLean, C. P., and Anderson, E. R. (2009). Brave men and timid women? A review of the gender differences in fear and anxiety. *Clinical Psychology Review* 29 (6), 496-505.
15. Farange, M. A., Osborn, T. W., and McLean, A. B. (2008). Cognitive, sensory, and emotional changes associated with the menstrual cycle: A review. *Archives of Gynecology and Obstetrics* 278 (4), 299-307.
16. Kaspi, S. P., Otto, M. W., Pollack, M. H., et al. (1994). Premenstrual exacerbation of symptoms in women with panic disorder. *Journal of Anxiety Disorders* 8 (2), 131-38.
17. Nillni, Y. I., Toufexis, D. J., and Rohan, K. J. (2011). Anxiety sensitivity, the menstrual cycle, and panic disorder: A putative neuroendocrine and psychological interaction. *Clinical Psychology Review* 31 (7), 1183-91.
18. 基因模型也有助于解释为什么女孩们特别容易焦虑，不过这一领域的研究仍然有很大的发展空间。目前，我们知道，易患焦虑障碍的基因可能涉及多个协同工作的基因。

    Hettema, J. M., Prescott, C. A., Myers, J. M., et al. (2005). The structure of genetic and environmental risk factors for anxiety disorders in men and women. *Archives of General Psychiatry* 62 (2), 182-89.

    Carlino, D., Francavilla, R., Baj, G., et al. (2015). Brain-derived neurotrophic factor serum levels in genetically isolated populations: Gender-specific association with anxiety disorder subtypes but not with anxiety levels or Val66Met polymorphism. *PeerJ* 3:e1252.
19. Wehry, A. M., Beesdo-Baum, K., Hennelly, M. M., et al. (2015). Assessment and treatment of anxiety disorders in children and adolescents. *Current Psychiatry Reports* 17 (7), 1-19.
20. Otto, M. W., Tuby, K. S., Gould, R. A., et al. (2001). An effect-size analysis of the relative efficacy and tolerability of serotonin selective reuptake inhibitors for panic disorder. *The American Journal of Psychiatry* 158 (2), 1989-92.
21. Borquist-Conlon, D. S., Maynard, B. R., Esposito Brendel, K., and Farina, A. S. J. (2017). Mindfulness-based interventions for youth with anxiety: A systematic review and meta-analysis. *Research on Social Work Practice*. doi.org/10.1177/1049731516684961.
22. K. K. Novick, personal communication, September 1998.

23. Streeter, C. C., Gerbarg, P. L., Saper, R. B., et al. (2012). Effects of yoga on the autonomic nervous system, gamma-aminobutyricacid, and allostasis in epilepsy, depression, and post-traumatic stress disorder. *Medical Hyp- otheses* 78 (5), 571-79.
24. 正如我们可以主动控制呼吸来帮助大脑冷静一样，我们也可以通过绷紧和放松肌肉来有意识地扭转焦虑症的生理影响。系统性的肌肉放松，即有意识地依次收缩和释放肌肉群，能有效地减少血液中的皮质醇含量。皮质醇是一种应激激素，在"战或逃"式反应中，身体会释放皮质醇。研究发现，收紧然后释放肌肉群的简单动作远比单纯的静坐更能有效地减少皮质醇 [Pawlow, L. A., and Jones, G. E. (2005). The impact of abbreviated progressive muscle relaxation on salivary cortisol and salivary immunoglobulin A (sIgA). *Applied Psychophysiology and Biofeedback* 30 (4), 375-87].

第二章

1. 我要感谢乌尔苏拉达拉斯学院的咨询顾问们与我分享她们的智慧。
2. Wenar, C., and Kerig, P. (2006). *Develop- mental Psychopathology*, 5th ed. Boston: McGraw-Hill.
3. Casey, B. J., Jones, R. M., and Hare, T. A.(2008). The adolescent brain. *Annals of the New York Academy of Science* 1124 (1), 111-26.
4. Compas, B. E., Desjardins, L., Vannatta, K., et al. (2014). Children and adolescents coping with cancer: Self- and parent reports of coping and anxiety/depression. *Health Psychology* 33 (8), 853-61.

    Compas, B. E., Forehand, R., Thigpen, J., et al. (2015). Efficacy and moderators of a family group cognitive-behavioral preventive intervention for children of depressed parents. *Journal of Consulting and Clinical Psychology* 83 (3), 541-53.
5. Nolte, T., Guiney, J., Fonagy, P., et al. (2011). Interpersonal stress regulation and the development of anxiety disorders: An attachment-based developmental framework. *Frontiers in Behavioral Neu roscience* 5 (55), 1-21.
6. Borelli, J. L., Rasmussen, H. F., John, H. K. S.,
    et al. (2015). Parental reactivity and the link between parent and child anxiety symptoms. *Journal of Child and Family Studies* 24 (10), 3130-44.

    Esbjørn, B. H., Pedersen, S. H., Daniel, S. I. F., et al. (2013). Anxiety levels

in clinically referred children and their parents: Examining the unique influence of self-reported attachment styles and interview-based reflective functioning in mothers and fathers. *The British Journal of Clinical Psychology* 52 (4), 394-407.
7. Roser, M. (2018). War and peace. Retrieved from ourworldindata.org/war-and-peace.
8. American Psychological Association. (2017). Stress in America: Coping with change, part 1.
9. Gramlich, J.(2017). Five facts about crime in the U.S. Pew Research Center.
Uniform Crime Reporting, Federal Bureau of Investigation. (2016). Crime in the United States, Table 1A.
10. Centers for Disease Control and Prevention. (2015). Trends in the prevalence of marijuana, cocaine, and other illegal drug use. National youth risk behavior survey: 1991-2015.
Centers for Disease Control and Prevention. (2015). Trends in the prevalence of alcohol use. National youth risk behavior survey: 1991-2015.
11. Centers for Disease Control and Prevention. (2015). Trends in the prevalence of behaviors that contribute to unintentional injury. National youth risk behavior survey: 1991-2015.
12. 同 11。
13. National Institute on Drug Abuse. (2017). Monitoring the future survey: High school and youth trends.
Han, B., Compton, W. M., Blanco, C., et al. (2017). Prescription opioid use, misuse, and use disorders in U.S. adults: 2015 national survey on drug use and health. *Annals of Internal Medicine* 167 (5), 293-301.
14. Food and Drug Administration. (2017). Full-body CT scans—what you need to know.
15. Johnson, J. G., and Sherman, M. F. (1997). Daily hassles mediate the relationship between major life events and psychiatric symptomatology: Longitudinal findings from an adolescent sample. *Journal of Social and Clinical Psychology* 16 (4), 389-404.
16. Vliegenthart, J., Noppe, G., van Rossum, E. F. C., et al. (2016). Socioeconomic status in children is associated with hair cortisol levels as a biological measure of chronic stress. *Psycho neuroendocrinology* 65, 9-14.
17. Luthar, S., Small, P., and Ciciolla, L. (2018). Adolescents from upper middle class communities: Substance misuse and addiction across early adulthood. *Development and Psychopathology* 30 (1), 315-35.
Luthar, S. S., and Becker, B. E. (2002). Privileged but pressured? A study

of affluent youth. *Child Development* 73 (50), 1593-610.
18. Luthar, S. Speaking of psychology: The mental price of affluence. American Psychological Association, 2018, apa. org/ research /action/ speaking-of-psychology/affluence.aspx.
19. Luthar, S. S., and Latendresse, S. J. (2005). Children of the affluent: Challenges to well-being. *Current Directions in Psychological Science* 14 (1), 49-53.
20. Luthar, S. S., and D'Avanzo, K. (1999). Contextual factors in substance use: A study of suburban and inner-city adolescents. *Development and Psychopathology* 11 (4), 845-67.
21. Lund, T., and Dearing, E. (2013). Is growing up affluent risky for adolescents or is the problem growing up in an affluent neighborhood? *Journal of Research on Adolescence* 23 (2), 274-82.

第三章

1. Shiner, R. L., Buss, K. A., McClowry, S. G., et al. (2012). What is temperament *now*? Assessing progress in temperament research on the twenty-fifth anniversary of Goldsmith et al. (1987). *Child Development Perspectives* 6 (4), 436-44.
2. Kagan, J. (1998). Biology and the child. In N. Eisenberg (Ed.), *Handbook of Child Psychology*, vol. 3 : Social, emotional, and personality development, 5th ed. New York: Wiley, pp. 177-236.
3. Calkins, S. D., Fox, N. A., and Marshall, T. R. (1996). Behavioral and physiological antecedents of inhibited and uninhibited behavior. *Child Development* 67 (2), 523-40.
4. Putman, S. P., Samson, A. V., and Rothbart, M. K. (2000). Child temperament and parenting. In V. J. Molfese and D. L. Molfese (Eds.), *Temperament and Personality Across the Life Span*. Mahwah, NJ: Erlbaum, pp. 255-77.
5. Chen, X., Hastings, P., Rubin, K., et al. (1998). Child-rearing attitudes and behavioral inhibition in Chinese and Canadian toddlers: A cross-cultural study. *Development and Psychology* 34 (4), 677-86.
    Chen, X., Rubin, K., and Li, Z. (1995). Social functioning and adjustment in Chinese children: A longitudinal study. *Development and Psychology* 31 (4), 531-39.

Chess, S., and Thomas, R. (1984). *Origins and Evolution of Behavior Disorders*. New York: Brunner/Mazel.

6. Waldrip, A. M., Malcolm, K. T., and Jensen Campbell, L. A. (2008). With a little help from your friends: The importance of high-quality friendships on early adolescent development. *Social Development* 17 (4), 832–52.

   关于这个话题的研究很复杂，有确凿证据表明拥有庞大的社交网络可以提高拥有强大的二元（一对一）友谊的可能性 [Nagle, D. W., Erdley, C. A., Newman, J. E., et al. (2003). Popularity, friendship quantity, and friendship quality: Interactive influences on children's loneliness and depression. *Journal of Clinical Child and Adolescent Psychology* 32 (4), 546–55].然而，Waldrip, Malcolm, and Jensen-Campbell (2008, p. 847) 发现："在对其他重要人际关系及朋友数量的变量进行控制后，至少有一个朋友为之提供支持、保护和亲密关系的青少年，则表现得不太可能出现问题。基于这些发现，看起来友谊质量确实是青少年调节能力的一个独特的预测因素。"

7. Van der Graaff, J., Branje, S., De Weid, M., et al.(2014). Perspective taking and empathic concern in adolescence: Gender differences in empathic changes. *Development and Psychology* 50 (3), 881–88.

   Rueckert, L., Branch, B., and Doan, T. (2011). Are gender differences in empathy due to differences in emotional reactivity? *Psychology* 2 (6), 574–78.

8. 芝加哥圣心学院的一名中学教师 Jacqueline Beale-DelVecchio 在我向她的学生们做了要"坚定自信"（而非被动或攻击）的主题演讲之后，向我介绍了这个绝妙的术语。从那以后，我已经在几十次与女孩讨论如何处理冲突的研讨会上使用过 Beale-DelVecchio 女士与我分享的这个术语了。女孩们能立刻领悟这一能引起共鸣的隐喻，并且很好地加以使用。

9. 感谢杰出的 Elizabeth Stevens，她是教育工作者兼合气道黑带选手，是她在这个问题上与我分享了她的武术知识。

10. 思维缜密的教育工作者 Daniel Frank 与我分享了这一智慧，这是他从自己的祖母 Martha Rahm White 那里学到的。

11. Livingstone, S. (2018). Book review. iGen: Why today's super-connected kids are growing up less rebellious, more tolerant, less happy—and completely unprepared for adulthood. *Journal of Children and Media* 12 (1), 118–23.

12. (2014, March 11). Teens and Social Media? "It's Complicated." Retrieved February 3, 2018, from remakelearning.org/blog/2014/03/11/teens-and-social-media-its-complicated/.

13. Deborah Banner, who teaches English at Marl-borough School in Los Angeles, shared this excellent solution with me.
14. Maslowsky, J., and Ozer, E. J. (2014). Developmental trends in sleep duration in adolescence and young adulthood: Evidence from a national United States sample. *Journal of Adolescent Health* 54 (6), 691-97.
15. 同上。
    青春期昼夜节律变化的原因尚不完全明确。专家指出,这一模式在哺乳动物中十分常见,并推测"在一天中不受年长者支配的时间段熬夜与同龄人交往"可能具有由进化驱动的生殖繁衍益处。[Hagenauer, M. H., and Lee, T. M. (2012). The neuroendocrine control of the circadian system: Adolescent chronotype. *Frontiers in Neuroendocrinology* 33 (3), 211-29, 225.]
16. Stöppler, M. C. Puberty: Stages and signs for boys and girls. Retrieved from medicinenet.com/puberty/article.htm.
17. Johnson, E. O., Roth, T., Schultz, L., and Breslau, N.(2006). Epidemiology of DSM-IV insomnia in adolescence: Lifetime prevalence, chronicity, and an emergent gender difference. *Pediatrics* 117 (2), e247-e256.
18. Shochat, T., Cohen-Zion, M., and Tzischinsky, O. (2014). Functional consequences of inadequate sleep in adolescents: A systematic review. *Sleep Medicine Reviews* 18 (1), 75-87.
19. Higuchi, S., Motohashi, Y., Liu, Y., et al. (2003). Effects of VDT tasks with a bright display at night on melatonin, core temperature, heart rate, and sleepiness. *Journal of Applied Physiology* 94 (5), 1773-76.
    Kozaki, T., Koga, S., Toda, N., et al. (2008). Effects of short wavelength control in polychromatic light sources on nocturnal melatonin secretion. *Neuroscience Letters* 439 (3), 256-59.
20. Van den Bulck, J. (2003). Text messaging as a cause of sleep interruption in adolescents, evidence from a cross-sectional study. *Journal of Sleep Research* 12 (3), 263.
    Adachi-Mejia, A. M., Edwards, P. M., Gilbert-Diamond, D., et al. (2014). TXT me I'm only sleeping: Adolescents with mobile phones in their bedroom. *Family and Community Health* 37 (4), 252-57.
21. Vernon, L., Modecki, K. L., and Barber, B. L. (2018). Mobile phones in the bedroom: Trajectories of sleep habits and subsequent adolescent psychosocial development. *Child Development* 89 (1), 66-77.
22. Vogel, E., Rose, J., Roberts, L., and Eckles, K.(2014). Social comparison, social media, and self-esteem. *Psychology of Popular Media Culture* 3 (4), 206-22.
23. Nesi, J., and Prinstein, M. J. (2015). Using social media for social comp-

arison and feedback-seeking: Gender and popularity moderate associations with depressive symptoms. *Journal of Abnormal Child Psychology* 43 (8), 1427–38.
24. Walsh, J. (2018). *Adolescents and Their Social Media Narratives: A digital coming of age*, 1st ed. London: Routledge, p. 26.
25. Walsh, J. (2016, August 10). For teenage girls, swimsuit season never ends [Interview by L. Damour]. *The New York Times*.

第四章

1. Axelrod, A., and Markow, D. (2001). *Hostile Hallways: Bullying, teasing, and sexual harassment in school* (Rep.). AAUW Educational Foundation: aauw.org/files/2013/02/hostile-hallways-bullying-teasing-and-sexual-harassment-in-school.pdf.
2. Williams, T., Connolly, J., Pepler, D., and Craig, W. (2005). Peer victimization, social support, and psychosocial adjustment of sexual minority adolescents. *Journal of Youth and Adolescence* 34 (5), 471–82.
3. Ormerod, A. J., Collinsworth, L. L., and Perry, L. A. (2008). Critical climate: Relations among sexual harassment, climate, and outcomes for high school girls and boys. *Psychology of Women Quarterly* 32 (2), 113–25.
4. Gruber, J. E., and Fineran, S. (2008). Comparing the impact of bullying and sexual harassment victimization on the mental and physical health of adolescents. *Sex Roles* 59 (1–2), 1–13.
5. Espelage, D. L., Aragon, S. R., Birkett, M., and Koenig, B. W. (2008). Homophobic teasing, psychological outcomes, and sexual harassment among high school students: What influence do parents and schools have? *School Psychology Review* 37 (2), 202–16.
6. Fekkes, M., Pijpers, F. I. M., and Verloove-Vanhorick, S. P. (2004). Bullying: Who does what, when and where? Involvement of children, teachers and parents in bullying behavior. *Health Education Research* 20 (1), 81–91.
    Wang, J., Iannotti, R. J., and Nansel, T. R. (2009). School bullying among U.S. adolescents: Physical, verbal, relational, and cyber. *Journal of Adolescent Health* 45 (4), 368–75.
7. Guerra, N. G., Williams, K. R., and Sadek, S. (2011). Understanding bullying and victimization during childhood and adolescence: A mixed methods study. *Child Development* 82 (1), 295–310.
8. Wang, J., Iannotti, R. J., and Nansel, T. R. (2009).

9. Gruber, J., and Fineran, S. (2016). Sexual harassment, bullying, and school outcomes for high school girls and boys. *Violence against Women* 22 (1), 112-33.
10. Goldstein, S. E., Malanchuk, O., Davis-Kean, P. E., and Eccles, J. S. (2007). Risk factors for sexual harassment by peers: A longitudinal investigation of African American and European American adolescents. *Journal of Research on Adolescence* 17 (2), 285-300.
11. Gruber, J., and Fineran, S. (2016).
12. Reed, L. A., Tolman, R. M., and Ward, M. L. (2017). Gender matters: Experiences and consequences of digital dating abuse in adolescent dating relationships. *Journal of Adolescence* 59, 79-89.
13. Ormerod, A. J., Collinsworth, L. L., and Perry, L. A. (2008). Critical climate: Relations among sexual harassment, climate, and outcomes for high school girls and boys. *Psychology of Women Quarterly* 32 (2), 113-25.
    Reed, L. A., Tolman, R. M., and Ward, M. L. (2017).
14. Fine, M., and McClelland, S. I. (2006). Sexuality education and desire: Still missing after all of these years. *Harvard Educational Review* 76 (3), 297-338.
15. Ott, M. A. (2010). Examining the development and sexual behavior of adolescent males. *Journal of Adolescent Health* 46 (4 Suppl), S3-11.
16. "狗"也是这类词汇中的一个新成员，有时被用来形容寻求与多个伴侣进行毫无意义的调情的男性。然而，这个词目前似乎还没有被广泛使用，而且它作为针对男性的贬义词的效力也因它的多种用法而被减弱了。例如，它有时被用来表示男人之间的熟悉程度（比如"你好吗，狗子?"），有时则被用来形容一个外表不漂亮的女人。
17. Lippman, J. R., and Campbell, S. W. (2014). Damned if you do, damned if you don't . . . if you're a girl: Relational and normative contexts of adolescent sexting in the United States. *Journal of Children and Media* 8 (4), 371-86.
18. Temple, J. R., Le, V. D., van den Berg, P., et al. (2014). Brief report: Teen sexting and psychosocial health. *Journal of Adolescence* 37 (1), 33-36.
19. Lippman, J.R., and Campbell, S.W. (2014), p. 371.
20. Thomas, S. E. (2018). "What should I do?": Young women's reported dilemmas with nude photographs. *Sexuality Research and Social Policy* 15 (2), 192-207, doi.org/10.1007/s13178-017-0310-0.
21. Damour, L. (2017, January 11). Talking with both daughters and sons about sex. *The New York Times*. Retrieved from nytimes.com/2017/01/11/well/family/talking-about-sex-with-daughters-and-sons.html.

22. Tolman, D. L. (1999). Femininity as a barrier to positive sexual health for adolescent girls. *Journal of the American Medical Women's Association* 53 (4), 133-38.
    Kettrey, H. H. (2018). "Bad girls" say no and "good girls" say yes: Sexual subjectivity and participation in undesired sex during heterosexual college hookups. *Sexuality and Culture* 22 (3), 685-705, doi.org/10.1007/s12119-018-9498-2.
23. Impett, E. A., Schooler, D., and Tolman, D. L. (2006). To be seen and not heard: Feminist ideology and adolescent girls' sexual health. *Archives of Sexual Behavior* 35 (2), 131-44.
    Zurbriggen, E. L., Collins, R. L., Lamb, S., et al. (2007). Report on the APA task force on the *Sexualization of Girls, Executive Summary*, American Psychological Association, Washington, DC.
24. Schalet, A. (2004). Must we fear adolescent sexuality? *Medscape General Medicine* 6 (4), 44.
25. Brugman, M., Caron, S. L., and Rademakers, J. (2010). Emerging adolescent sexuality: A comparison of American and Dutch college women's experiences. *International Journal of Sexual Health* 22 (1), 32-46.
26. 同 25。
27. 同 25。
28. Eslami, Z. (2010). Refusals: How to develop appropriate refusal strategies. In A. Martínez-Flor and E. Usó-Juan (Eds.), *Speech Act Performance: Theoretical, empirical and methodological issues* (Language Learning and Language Teaching 26, Amsterdam: John Benjamins), pp. 217-36.
29. Allami, H., and Naeimi, A. (2011). A crosslinguistic study of refusals: An analysis of pragmatic competence development in Iranian EFL learners. *Journal of Pragmatics* 43 (1), 385-406.
    Cameron, D. (2008). *The Myth of Mars and Venus*. Oxford: Oxford University Press.
30. Kitzinger, C., and Frith, H. (1999). Just say no? The use of conversation analysis in developing a feminist perspective on sexual refusal. *Discourse and Society* 10 (3), 293-316, pp. 304-5.
31. 同 30。
32. Cameron, D. (2008), p. 96.
33. Monto, M. A., and Carey, A. G. (2014). A new standard of sexual behavior? Are claims associated with the "hookup culture" supported by general survey data? *Journal of Sex Research* 51 (6), 605-15.
34. 同 33。

35. Twenge, J. M., Sherman, R. A., and Wells, B. E. (2017). Sexual inactivity during young adulthood is more common among U.S. millennials and iGen: Age, period, and cohort effects on having no sexual partners after age 18. *Archives of Sexual Behavior* 46 (2), 433-40.
36. Centers for Disease Control and Prevention. (2015). Trends in the prevalence of sexual behaviors and HIV testing. National youth risk behavior survey: 1991-2015.

    Centers for Disease Control and Prevention. (2017). Youth Risk Behavior Survey Data. Available at cdc.gov/yrbs. Accessed on June 20, 2018.
37. Weissbourd, R., Anderson, T. R., Cashin, A., and McIntyre, J. (2017). *The talk: How adults can promote young people's healthy relationships and prevent misogyny and sexual harassment* (Rep.). Retrieved from mcc.gse.harvard.edu/files/gse-mcc/files/mcc_the_talk_final.pdf.
38. Garcia, J. R., Reiber, C., Merriwether, A. M., et al. (2010a, March). Touch me in the morning: Intimately affiliative gestures in uncommitted and romantic relationships. Paper presented at the Annual Conference of the NorthEastern Evolutionary Psychology Society, New Paltz, NY.

    Garcia, J. R., Reiber, C., Massey, S. G., and Merriwether, A. M. (2012). Sexual hookup culture: A review. *Review of General Psychology* 16 (2), 161-76.
39. Weissbourd, R., Anderson, T.R., Cashin, A., and McIntyre, J. (2017).
40. LaBrie, J. W., Hummer, J. F., Ghaidarov, T. M., et al. (2014). Hooking up in the college context: The event-level effects of alcohol use and partner familiarity on hookup behaviors and contentment. *Journal of Sex Research* 51 (1), 62-73.
41. Owen, J., Fincham, F. D., and Moore, J. (2011). Short-term prospective study of hooking up among college students. *Archives of Sexual Behavior* 40 (2), 331-41.
42. Owen, J., and Fincham, F. D. (2010). Effects of gender and psychosocial factors on "friends with benefits" relationships among young adults. *Archives of Sexual Behavior* 40 (2), 311-20.
43. Owen, J., Fincham, F. D., and Moore, J. (2011).
44. Sabina, C., Wolak, J., and Finkelhor, D. (2008). The nature and dynamics of Internet pornography exposure for youth. *Cyber-Psychology and Behavior* 11 (6), 691-93.
45. Sun, C., Bridges, A., Johnson, J. A., and Ezzell, M. B. (2016). Pornography and the male sexual script: An analysis of consumption and sexual relations. *Archives of Sexual Behavior* 45 (4), 983-84, p. 983.
46. 同 45。

47. Lim, M. S., Carrotte, E. R., and Hellard, M. E. (2016). The impact of pornography on gender-based violence, sexual health and well-being: What do we know? *Journal of Epidemiology and Community Health* 70 (1), 3-5.
48. Stenhammar, C., Ehrsson, Y. T., Åkerud, H., et al. (2015). Sexual and contraceptive behavior among female university students in Sweden—repeated surveys over a 25-year period. *Acta Obstetricia et Gynecologica Scandinavica* 94 (3), 253-59.
49. 同 48。
50. Stulthofer, A., and Ajdukovic, D. (2013). A mixed-methods exploration of women's experiences of anal intercourse: meanings related to pain and pleasure. *Archives of Sexual Behavior* 42 (6), 1053-62.

第五章

1. Voyer, D., and Voyer, S. D. (2014). Gender differences in scholastic achievement: A meta-analysis. *Psychological Bulletin* 140 (4), 1174-204.
2. Livingston, A., and Wirt, J. *The Condition of Education 2004 in Brief* (NCES 2004-076). U.S. Department of Education, National Center for Education Statistics (Washington, DC: U.S. Government Printing Office, 2004).
   Office for Civil Rights. (2012, June). *Gender equity in education: A data snapshot.* U.S. Department of Education. Retrieved from ed.gov/about/offices/list/ocr/docs/gender-equity-in-education.pdf.
3. Autor, D., and Wasserman, M. (2013). *Wayward Sons: The emerging gender gap in labor markets and education* (Rep.). Washington, DC: Third Way. Retrieved from economics.mit.edu/files/8754.
   Bauman, K., and Ryan, C. (2015, October 7). Women now at the head of the class, lead men in college attainment. Retrieved from census.gov/newsroom/blogs/random-samplings/2015/10/women-now-at-the-head-of-the-class-lead-men-in-college-attainment.html.
   Digest of Education Statistics—National Center for Education Statistics. (2015, September). Bachelor's, master's, and doctor's degrees conferred by postsecondary institutions, by sex of student and discipline division: 2013-14. Retrieved from nces.ed.gov/programs/digest/d15/tables/dt15_318.30.asp?current=yes.
4. Murberg, T. A., and Bru, E. (2004). School-related stress and psychosomatic symptoms among Norwegian adolescents. *School Psychology Inte-*

rnational 25 (3), 317-22.
5. Crum, A. J., Salovey, P., and Achor, S. (2013). Rethinking stress: The role of mindsets in determining the stress response. *Journal of Personality and Social Psychology* 104 (4), 716-33.
6. Park, D., Yu, A., Metz, S. E., et al. (2017). Beliefs about stress attenuate the relation among adverse life events, perceived distress, and self-control. *Child Development.* doi.org/10.1111/cdev.12946.
7. Jamieson, J. P., Nock. M. K., and Mendes, W. B. (2012). Mind over matter: Reappraising arousal improves cardiovascular and cognitive responses to stress. *Journal of Experimental Psychology: General* 141 (3), 417-22.
8. Giota, J., and Gustafsson, J. (2017). Perceived demands of schooling, stress and mental health: Changes from grade 6 to grade 9 as a function of gender and cognitive ability. *Stress and Health* 33 (3), 253-66.

    Murberg, T. A., and Bru, E. (2004).

    Silverman, W. K., La Greca, A. M., and Wasserstein, S. (1995). What do children worry about? Worries and their relation to anxiety. *Child Development* 66 (3), 671-86.
9. Roberts, T. (1991). Gender and the influence of evaluations on self-assessments in achievement settings. *Psychological Bulletin* 109 (2), 297-308.
10. Burnett, J. L., O'Boyle, E. H., VanEpps, E. M., et al. (2013). Mind-sets matter: A meta-analytic review of implicit theories and self-regulation. *Psychological Bulletin* 139 (3), 655-701.
11. Pomerantz, E. M., Altermatt, E. R., and Saxon, J. L. (2002). Making the grade but feeling distressed: Gender differences in academic performance and internal distress. *Journal of Educational Psychology* 94 (2), 396-404.

    Pomerantz, E. M., Saxon, J. L., and Kenny, G. A. (2001). Self-evaluation: The development of sex differences. In G. B. Moskowitz (Ed.), *Cognitive Social Psychology: On the tenure and future of social cognition*. Mahwah, NJ: Erlbaum, pp. 59-74.

    Pomerantz, E. M., and Ruble, D. N. (1998). The role of maternal control in the development of sex differences in child self-evaluative factors. *Child Development* 69 (2), 458-78.
12. McClure, E. B. (2000). A meta-analytic review of sex differences in facial expression processing and their development in infants, children, and adolescents. *Psychological Bulletin* 126 (3), 424-53.
13. Levering, B. (2000). Disappointment in teacher-student relationships. *Journal of Curriculum Studies* 32 (1), 65-74.
14. Hewitt, P. L., Flett, G. L., and Mikail, S. F. (2017). *Perfectionism: A relational*

approach to conceptualization, assessment, and treatment. New York: The Guilford Press, p. 22.
15. Duckworth, A. L., and Seligman, M. E. P.(2006). Self-discipline gives girls the edge: Gender in self-discipline, grades, and achievement scores. *Journal of Educational Psychology* 98 (1), 198-208.
16. Kay, K., and Shipman, C. (2014, May). The confidence gap. *The Atlantic*. Retrieved from theatlantic.com/magazine/archive/2014/05/the-confidence-gap/359815/.
17. 将女孩们在学校的表现和她们以后在职场中的表现联系起来的是Nancy Stickney，她是我所在社区的一名成员。她参加了我在当地的一次演讲，在演讲中，我谈到了帮助女孩们在学业上采取战术性做法的重要性。Stickney女士后来联系我说，当她在公司工作时，也在女性员工中间看到了完全同样的现象。
18. Kay, K., and Shipman, C. (2014). *The Confidence Code: The science and art of self-assurance—what women should know*. New York: HarperCollins.
19. Dunlosky, J., Rawson, K. A., Marsh, E. J., et al. (2013). Improving students' learning with effective learning techniques: Promising directions from cognitive and educational psychology. *Psychological Science in the Public Interest* 14 (1), 4-58.
20. Office for Civil Rights. (2012, June). Voyer, D., and Voyer, S. D. (2014). 这项对现有研究的大规模调查发现，在数学和科学课程中，小学女生的数学成绩与男生相同，科学课成绩则更好；初中和高中女生在这两个领域的成绩都比男生好；大学女性在数学方面成绩更好，在科学课方面成绩与男生相同。
21. Riegle-Crumb, C., and Humphries, M. (2012). Exploring bias in math teachers' perceptions of students' ability by gender and race/ethnicity. *Gender and Society* 26 (2), 290-322.
22. National Science Board. (2018). *Undergraduate education, enrollment, and degrees in the United States* (Rep.). Science and Engineering Indicators.
23. Grunspan, D. Z., Eddy, S. L., Brownell, S. E., et al. (2016). Males underestimate academic performance of their female peers in undergraduate biology classrooms. *PLoS ONE* 11 (2): e0148405.
24. Moss-Racusin, C. A., Dovidio, J. F., Brescoll, V. L., et al. (2012). Science faculty's subtle gender biases favor male students. *PNAS* 109 (41), 16474-79.
25. Nguyen, H. D., and Ryan, A. M. (2008). Does stereotype threat affect test

performance of minorities and women: A meta-analysis of experimental evidence. *Journal of Applied Psychology* 93 (6), 1314-34.
26. Johns, M., Schmader, T., and Martens, A.(2005). Knowing is half the battle:Teaching stereotype threat as a means of improving women's math performance. *Psychological Science* 16 (3), 175-79.
27. McGlone, M. S., and Aronson, J. (2007). Forewarning and forearming stereotype-threatened students. *Communication Education* 56 (2), 119-33.
28. Nelson, J. M., and Harwood, H. (2011). Learning disabilities and anxiety: A meta-analysis. *Journal of Learning Disabilities* 44 (1), 3-17.
29. Shaywitz, S. E., Shaywitz, B. A., Fletcher, J. M., and Escobar, M. D. (1990). Prevalence of reading disability in boys and girls: Results of the Connecticut longitudinal study. *Journal of the American Medical Association* 264 (8), 998-1002.
30. Rucklidge, J. J. (2010). Gender differences in attention-deficit/hyperactivity disorder. *Psychiatric Clinics of North America* 33 (2), 357-73.
    Biederman J., Mick, E., Faraone, S. V., et al. (2002). Influence of gender on attention deficit hyperactivity disorder in children referred to a psychiatric clinic. *The American Journal of Psychiatry* 159 (1), 36-42.
31. 例如，斯坦福大学1996年的录取率是申请总人数的16%，而在2017录取率仅为4.7%。
    Stanford University, News Service. (1996, June 3). *Stanford's "yield rate" increases to 61.4 percent* [Press release]. Retrieved from news.stanford.edu/pr/96/960605classcentu.html.
    Stanford University. (2017, August). *Our selection process.* Retrieved from admission.stanford.edu/apply/selection/profile.html.
    随着录取率的下降，越来越多的学生报名参加越来越多的大学预修课程，以获得竞争优势。在1997年，共有566,720名学生参加了总计899,463场大学预修课程考试。而在2017年，共有2,741,426名学生参加了总计4,957,931场大学预修课程考试。
    College Board. (1997). *AP data—archived data* (Rep.). Retrieved from research.collegeboard.org/programs/ap/data/archived/1997.
    College Board. (2017). *Program summary report* (Rep.). Retrieved from secure-media.collegeboard.org/digitalServices/pdf/research/2017/Program-Summary-Report-2017.pdf.
32. Spencer, R., Walsh, J., Liang, B., et al. (2018). Having it all? A qualitative examination of affluent adolescent girls' perceptions of stress and their quests for success. *Journal of Adolescent Research* 33 (1), 3-33.

33. Kahneman, D., Krueger, A. B., Schkade, D., et al. (2006). Would you be happier if you were richer? A focusing illusion. *Science* 312(5782), 1908-10.
34. Ryff, C. D., and Keyes, L. M. (1995). The structure of psychological well-being revisited. *Journal of Personality and Social Psychology* 69 (4), 719-27.
35. Ciciolla, L., Curlee, A. S., Karageorge, J., and Luthar, S. S. (2017). When mothers and fathers are seen as disproportionately valuing achievements: Implications for adjustment among upper middle class youth. *Journal of Youth and Adolescence* 46 (5), 1057-75.
36. Luthar, S. S., and Becker, B. E. (2002). Privileged but pressured? A study of affluent youth. *Child Development* 73 (50), 1593-610.

第六章

1. 可以肯定的是，男人们也要面对属于他们的一套威胁性话语。不幸的是，美国的文化鼓励男孩们遵循极端大男子气的理想。他们学会了以侵略性的方式强制执行这一标准，用诸如 pussy（娘娘腔）、fag（蔑称，男同性恋）、homo（贬，男同性恋）等诋毁性语言来质疑对方是否具有阳刚之气和异性恋倾向。男孩还会用 bitch（母狗）作为一种侮辱性的挑衅，但是这个词在男孩间交流使用时的含义与针对女孩使用时意义不同。具体来说，当一个男孩称另一个男孩为"母狗"时，其诋毁程度介于把他比喻成一个女孩和一个顺从的女朋友之间（比如："是某人的母狗"）。

   this standard by questioning one another's masculinity and heterosexuality with slurs such as *pussy, fag, homo,* and so on. Boys also use *bitch* as a provocative insult, but the term takes on a different meaning when traded between boys than when leveled at a girl. Specifically, when one boy calls another a bitch, the slur falls somewhere between likening him to a girl and to a submissive girlfriend (as in, "being someone's bitch").

2. Jose, P. E., and Brown, I. (2008). When does the gender difference in rumination begin? Gender and age differences in the use of rumination by adolescents. *Journal of Youth and Adolescence* 37 (2), 180-92.

3. 有一份强有力的研究文献支持我朋友的观点，即在职业环境中，同样是采取"坚定自信"的行为，女性经常会受到惩罚，而男性则会得到奖励，或者至少不会被认为是有问题的。例如：

   Salerno, J. M., and Peter-Hagene, L. (2015). One angry woman: Anger expression increases influence for men, but decreases influence for women, during group deliberation. *Law and Human Behavior* 39 (6), 581-92.

　　Rudman, L. A., Moss-Racusin, C. A., Phelan, J., and Nauts, S. (2012). Status incongruity and backlash effects: Defending the gender hierarchy motivates prejudice against female leaders. *Journal of Experimental Social Psychology* 48 (1), 165-79.

　　Phelan, J. E., Moss-Racusin, C. A., and Rudman, L. A. (2008). Competent yet out in the cold: Shifting criteria for hiring reflect backlash toward agentic women. *Psychology of Women Quarterly* 32 (4), 406-13.

4. 例如，Sagar 和 Schofield 发现，青春期前的青少年对暧昧的敌对行为的评估是"当行为人是黑人时，该行为比行为人是白人时更不友好、更具威胁性"。同样，Hugenberg 和 Bodenhausen 发现，一些欧洲裔美国人"倾向于在黑人而不是白人的脸上感知威胁性的影响，这意味着刻板印象的有害影响可能在社交互动的早期就开始了"。

　　Sagar, H. A., and Schofield, J. W. (1980). Racial and behavioral cues in black and white children's perceptions of ambiguously aggressive acts. *Journal of Personality and Social Psychology* 39 (4), 590-98.

　　Hugenberg, K., and Bodenhausen, G. V. (2003). Facing prejudice: Implicit prejudice and the perception of facial threat. *Psychological Science* 14 (6), 640-43.

5. Onyeka-Crawford, A., Patrick, K., and Chaudhry, N. (2017). *Let her learn: Stopping school pushout for girls of color* (Rep.). Washington, DC: National Women's Law Center, p. 3.

6. Crosley, S. (2015, June 23). Why women apologize and should stop. *The New York Times*. Retrieved from nytimes.com/2015/06/23/opinion/when-an-apology-is-anything-but.html.

7. Fendrich, L. (2010, March 12). The valley-girl lift. *The Chronicle of Higher Education*.

8. Leanse, E. P. (2015, June 25). Google and Apple alum says using this word can damage your credibility. *Business Insider*.

9. Wolf, N. (2015, July 24). Young women, give up the vocal fry and reclaim your strong female voice. *The Guardian*. Retrieved from theguardian.com/commentisfree/2015/jul/24/vocal-fry-strong-female-voice.

10. Cameron, D. (2015, July 27). An open letter to Naomi Wolf: Let women speak how they please. *In These Times*. Retrieved from inthesetimes.com/article/18241/naomi-wolf-speech-uptalk-vocal-fry.

11. High-rising terminal declarative, eh? (1992, January 19). *The New York Times*. Retrieved from nytimes.com/1992/01/19/opinion/l-high-rising-

terminal-declarative-eh-061992.html.
12. Ury, W. (2007). *The Power of a Positive No: How to say no and still get to yes.* New York: Bantam.
13. 当然，男孩也关心他们的人际关系，而且男孩远没有女孩那么容易为自己的粗鲁表现付出代价。尽管如此，我们为什么要放纵他们这样呢？我们理当让我们的儿子们也拥有礼貌和娴熟的语言瑞士军刀。
14. 人文作品中充满了自我分裂的主题。罗马诗人贺拉斯（Horace，公元前65—前8年）写过一首特别有趣的讽刺诗，描述了他如何努力对一个纠缠不休、令人厌恶的崇拜者保持礼貌，尽管他很想把对方痛骂一顿：

> 一个偶然的机会，我漫步在神圣大道上，习惯地
> 沉醉于荒谬的念头中，全神贯注，
> 这时一个我只知其名的人跑过来，抓住
> 我的手，喊道："你好吗，亲爱的老伙计？"
> "很好，还行。"我回答道，"向你致以最美好的祝愿。"
> 因为他一直跟着我，我又问道："阁下有何贵干？"
> 他："你应该对我加深了解，我很博学。"
> 我："那我祝贺你。"为了竭尽全力
> 摆脱他，我一会儿走得很快，一会儿停下来，在我儿子的耳边
> 低语一句，汗水浸湿了我，
> 从头到脚。当那家伙喋喋不休，走过一条又一条街道，
> 赞美着整座城市，我默默低语：
> "哦，博拉努斯，你的脾气太暴躁了！"因为我没有
> 搭腔，他说："你一定很渴望走开，
> 我早就看出来了，但这没用，我会紧紧缠着你，
> 无论你去哪里，我将如影随形。""你没必要
> 跟着我东奔西走，我要去看望一个
> 你不认识的人，他病倒在台伯河的另一头，
> 在恺撒花园的附近。""反正我无所事事，我喜欢走路，
> 我会跟着你。"我的耳朵耷拉下来，像一头闷闷不乐的驴，
> 不堪重负。

《讽刺诗》卷一，讽刺诗9（译自 A. S. Kline 英译版）。

15. 社会学家欧文·戈夫曼（Erving Goffman）也在其才华横溢、基于历

史的论文《日常生活中自我的呈现》(*The Presentation of the Self in Everyday Life*, 1959 年, New York: Anchor Books) 中进行了前台和后台的类比。戈夫曼详细剖析了人类的互动，远远超出了我在公共和私人人格面具与前台和后台活动之间做出的简单比喻。

16. Karraker, K. H., Vogel, D. A., and Lake, M. A. (1995). Parents' gender-stereotyped perceptions of newborns: The eye of the beholder revisited. *Sex Roles* 33 (9/10), 687-701.

    Rubin, J. Z., Provenzano, F. J., and Luria, Z. (1974). The eye of the beholder: Parents' views on sex of newborns. *American Journal of Orthopsychiatry* 44 (4), 512-19.

17. Advertising spending in the perfumes, cosmetics, and other toilet preparations industry in the United States from 2010 to 2017 (in million U.S. dollars).(2017). Retrieved from statista.com/statistics/470467/perfumes-cosmetics-and-other-toilet-preparations-industry-ad-spend-usa/.

18. Rogers, K. (2016, August 18). Sure, these women are winning Olympic medals, but are they single? *The New York Times*. Retrieved from nytimes.com/2016/08/19/sports/olympics/sexism-olympics-women.html.

    Fahy, D. (2015, March 16). Media portrayals of female scientists often shallow, superficial. Retrieved from blogs.scientificamerican.com/voices/media-portrayals-of-of-female-scientists-often-shallow-superficial/.

19. Kahalon, R., Shnabel, N., and Becker, J. C. (2018). "Don't bother your pretty little head": Appearance compliments lead to improved mood but impaired cognitive performance. *Psychology of Women Quarterly* 42 (2), 136-50.

20. Capon, L. (2016, November 21). Alicia Keys has stopped wearing makeup and is killing it. *Cosmopolitan*.

21. White, T. (2006, March 28). Rice loosens up her locks and her image. *The Baltimore Sun*. Retrieved from articles.baltimoresun.com/2006-03-28/features/0603280057_1_rice-head-of-hair-condoleezza.

    Rosen, J. (2013, June 14). Hillary Clinton, hair icon. *Town and Country*.

22. Monro, F., and Huon, G. (2005). Media-portrayed idealized images, body shame, and appearance anxiety. *International Journal of Eating Disorders* 38 (1), 85-90.

23. Runfola, C. D., Von Holle, A., Trace, S. E., et al.(2013).Body dissatisfaction in women across the lifespan:Results of the UNC-*SELF* and Gender and Body Image (GABI) Studies. *European Eating Disorders Review: The Journal of the Eating Disorders Association* 21 (1), 52-59.

24. Grabe, S., and Shibley Hyde, J.(2006).Ethnicity and body dissatisfaction

among women in the United States: A meta-analysis. *Psychological Bulletin* 132 (4), 622-40.

Kelly, A. M., Wall, M., Eisenberg, M. E., et al. (2005). Adolescent girls with high body satisfaction: Who are they and what can they teach us? *Journal of Adolescent Health* 37 (5), 391-96.

Duke, L. (2000). Black in a blonde world: Race and girls' interpretations of the feminist ideal in teen magazines. *Journalism and Mass Communication Quarterly* 77 (2), 367-92.

25. Neumark-Sztainer, D., Croll, J., Story, M., et al. (2002). Ethnic/racial differences in weight-related concerns and behaviors among adolescent girls and boys: Findings from project EAT. *Journal of Psychosomatic Research* 53 (5), 963-74.
26. Hausenblas, H. A., and Downs, D. S. (2001). Comparison of body image between athletes and non-athletes: A meta-analytic review. *Journal of Applied Sport Psychology* 13 (3), 323-39.
27. Abbott, B. D., and Barber, B. L. (2011). Differences in functional and aesthetic body image between sedentary girls and girls involved in sports and physical activity: Does sport type make a difference? *Psychology of Sport and Exercise* 12 (3), 333-42.
28. Slater, A., and Tiggman, M.(2011). Gender differences in adolescent sport participation, teasing, self-objectification and body image concerns. *Journal of Adolescence* 34 (3), 455-63.
29. Sue, D. W., Capudilupo, C. M., Torino, G. C., et al. (2007). Racial microaggressions in everyday life: Implications for clinical practice. *American Psychologist* 62 (4), 271-86.
30. Zeiders, K. H., Doane, L. D., and Roosa, M. W. (2012). Perceived discrimination and diurnal cortisol: Examining relations among Mexican American adolescents. *Hormones and Behavior* 61 (4), 541-48.

Jackson, L., Shestov, M., and Saadatmand, F. (2017). Gender differences in the experience of violence, discrimination, and stress hormone in African Americans: Implications for public health. *Journal of Human Behavior in the Social Environment* 27 (7), 768-78.

Brody, G. H., and Lei, M. (2014). Perceived discrimination among African American adolescents and allostatic load: A longitudinal analysis with buffering effects. *Child Development* 85 (3), 989-1002.

Berger, M., and Sarnyai, Z. (2014). "More than skin deep": Stress neurobiology and mental health consequences of racial discrimination. *Stress: The International Journal on the Biology of Stress* 18 (1), 1-10.

31. Sellers, R. M., Copeland-Linder, N., Martin, P. P., and Lewis, R. L. (2006).

Racial identity matters: The relationship between racial discrimination and psychological functioning in African American adolescents. *Journal of Research on Adolescence* 16 (2), 187-216.

32. Brody, G. H., Chen, Y., Murry, V. M., et al. (2006). Perceived discrimination and the adjustment of African American youths: A five-year longitudinal analysis with contextual moderation effects. *Child Development* 77 (5), 1170-89.

 Elmore, C. A., and Gaylord-Harden, N. K. (2013). The influence of supportive parenting and racial socialization messages on African American youth and behavioral outcomes. *Journal of Child and Family Studies* 22 (1), 63-75.

 Brody, G. H., Miller, G. E., Yu, T., et al. (2016). Supportive family environments ameliorate the link between racial discrimination and epigenetic aging. *Psychological Science* 27 (4), 530-41.

33. Irving, D. (2014). *Waking Up White, and Finding Myself in the Story of Race.* Cambridge, MA: Elephant Room Press.

 Bergo, B., and Nicholls, T. (Eds.) (2015). *"I Don't See Color": Personal and critical perspectives on white privilege.* University Park: Pennsylvania State University Press.

资 源 推 荐

第一章

给父母

Foa, E., and Andrews, L. W. (2006). *If Your Adolescent Has an Anxiety Disorder: An Essential Resource for Parents.* New York: Oxford University Press.
Rapee, R., Wignall, A., Spence, S., et al. (2008). *Helping Your Anxious Child: A step-by-step guide for parents.* Oakland, CA: New Harbinger.

给女孩

Huebner, D., and Matthews, B. (2005). *What to Do When You Worry Too Much: A Kid's Guide to Overcoming Anxiety.* Washington, DC: Magination Press.
Schab, L. M. (2008). *The Anxiety Workbook for Teens: Activities to help you deal with anxiety and worry.* Oakland, CA: Instant Help Books.
Stahl, B., and Goldstein, E. (2010). *A Mindfulness-Based Stress Reduction Workbook.* Oakland, CA: New Harbinger.

第二章

给父母

Dell'Antonia, K. J. (2018): *How to Be a Happier Parent: Raising a Family, Having a Life, and Loving (Almost) Every Minute of It*. New York: Avery.

Kabat-Zinn, J. (2007). *Arriving at Your Own Door: 108 Lessons in Mindfulness*. New York: Hyperion.

Lythcott-Haims, J. (2015). *How to Raise an Adult: Break Free of the Overparenting Trap and Prepare Your Kid for Success*. New York: St. Martin's Press.

Wilson, R., and Lyons, L. (2013). *Anxious Kids, Anxious Parents: 7 Ways to Stop the Worry Cycle and Raise Courageous and Independent Children*. Deerfield Beach, FL: Health Communications.

给女孩

Sedley, B. (2017). *Stuff That Sucks: A Teen's Guide to Accepting What You Can't Change and Committing to What You Can*. Oakland, CA: Instant Help Books.

第三章

给父母

Boyd, D. (2015). *It's Complicated: The Social Lives of Networked Teens*. New Haven, CT: Yale University Press.

Cain, S. (2013). *Quiet: The Power of Introverts in a World That Can't Stop Talking*. New York: Crown.

Simmons, R. (2011). *Odd Girl Out: The Hidden Culture of Aggression in Girls*. New York: First Mariner Books.

Wiseman, R. (2009). *Queen Bees and Wannabes: Helping Your Daughter Survive Cliques, Gossip, Boyfriends, and the New Realities of the Girl World*. New York: Three Rivers Press.

给女孩

Criswell, P. K., and Martini, A. (2003). *A Smart Girl's Guide to Friendship Troubles: Dealing with Fights, Being Left Out & the Whole Popularity Thing.* Middletown, WI: Pleasant Company.

第四章

给父母

Orenstein, P. (2017). *Girls and Sex: Navigating the Complicated New Landscape.* New York: HarperCollins.

Siegel, D. J. (2013). *Brainstorm: The Power and Purpose of the Teenage Brain.* New York: Jeremy P. Tarcher/Penguin.

Tolman, D. L. (2005). *Dilemmas of Desire: Teenage Girls Talk About Sexuality.* Cambridge, MA: Harvard University Press.

给女孩

Bialik, M. (2017). *Girling Up: How to be Strong, Smart and Spectacular.* New York: Philomel Books.

Fonda, J. (2014). *Being a Teen: Everything teen girls and boys should know about relationships, sex, love, health, identity & more.* New York: Random House.

第五章

给父母

Dweck, C. S. (2006). *Mindset: The new psychology of success.* New York: Ballantine.

Orenstein, P. (1994). *Schoolgirls: Young Women, Self-Esteem, and the Confidence Gap.* New York: Doubleday.

Silver, L. B. (2006). *The Misunderstood Child: Understanding and coping with your child's learning disabilities,* 4th ed. New York: Three Rivers Press.

Simmons, R. (2018). *Enough as She Is: How to Help Girls Move Beyond Impossible Standards of Success to Live Healthy, Happy, and Fulfilling Lives.* New York: HarperCollins.

给女孩

Kay, K., and Shipman, C. (2018). *The Confidence Code for Girls: Taking risks, messing up, & becoming your amazingly imperfect, totally powerful self.* New York: HarperCollins.

第六章

给父母

Lamb, S., and Brown, L. M. (2006). *Packaging Girlhood: Rescuing our daughters from marketers' schemes.* New York: St. Martin's Press.
Orenstein, P. (2011). *Cinderella Ate My Daughter: Dispatches from the Front Lines of the New Girly-Girl Culture.* New York: HarperCollins.
Simmons, R. (2010). *The Curse of the Good Girl: Raising Authentic Girls with Courage and Confidence.* New York: The Penguin Press.
Tatum, B. D. (2017). *Why Are All the Black Kids Sitting Together in the Cafeteria: And other conversations about race.* New York: Basic Books.

给女孩

Paul, C. (2016). *The Gutsy Girl: Escapades for Your Life of Epic Adventure.* New York: Bloomsbury.

青春期

《欢迎来到青春期：9~18岁孩子正向教养指南》
作者：[美] 卡尔·皮克哈特 译者：凌春秀

一份专门为从青春期到成年这段艰难旅程绘制的简明地图；从比较积极正面的角度告诉父母这个时期的重要性、关键性和独特性，为父母提供了青春期4个阶段常见问题的有效解决方法

《女孩，你已足够好：如何帮助被"好"标准困住的女孩》
作者：[美] 蕾切尔·西蒙斯 译者：汪幼枫 陈舒

过度的自我苛责正在伤害女孩，她们内心既焦虑又不知所措，永远觉得自己不够好。任何女孩和女孩父母的必读书。让女孩自由活出自己、不被定义

《青少年心理学（原书第10版）》
作者：[美] 劳伦斯·斯坦伯格 译者：梁君英 董策 王宇

本书是研究青少年的心理学名著。在美国有47个州、280多所学校采用该书作为教材，其中包括康奈尔、威斯康星等著名高校。在这本令人信服的教材中，世界闻名的青少年研究专家劳伦斯·斯坦伯格以清晰、易懂的写作风格，展现了对青春期的科学研究

《青春期心理学：青少年的成长、发展和面临的问题（原书第14版）》
作者：[美] 金·盖尔·多金 译者：王晓丽 周晓平

青春期心理学领域经典著作
自1975年出版以来，不断再版，畅销不衰
已成为青春期心理学相关图书的参考标准

《读懂青春期孩子的心》
作者：马志国

资深心理咨询师写给父母的建议
解读青春期孩子真实的心灵
解开父母心中最深的谜